牛繁殖技能手册

NIU FANZHI JINENG SHOUCE

朱化彬　石有龙　王志刚　主　编

中国农业出版社

编写人员

主　　编　朱化彬　石有龙　王志刚

副 主 编　郭江鹏　田　莉　黄萌萌

参　　编（按姓氏笔画排序）

宋　真　陆　健　陈　强

赵　心　赵明礼　赵善江

郝海生　信维力　程小强

前言

牛是单胎动物，饲养周期长、生产速度慢，因此在养牛生产中，牛的繁殖和繁殖管理占据着重要地位。现代繁殖技术在奶牛或肉牛生产中的应用，不仅可以提高牛的生产性能、挖掘牛的繁殖潜力，而且对于提高牛产业的经济效益和社会效益意义重大。目前，我国绝大多数奶牛和肉牛养殖企业（场户）均采用人工授精技术进行母牛配种。通过提高授精配种人员技能水平、充分发挥母牛良好繁殖性能，可有效提高养殖企业（场户）的繁殖效率。

2018年，农业农村部、人力资源社会保障部和中华全国总工会将联合举办“2018年中国技能大赛——全国农业行业职业技能大赛”。家畜繁殖员作为其中一个竞赛项目，由农业农村部畜牧业司牵头、全国畜牧总站具体承办，考核内容为牛人工授精技术。为了配合大赛的进行，我们特组织长期工作在养牛生产一线的专家编写了本书，以期为基层家畜繁殖员和参加技能大赛的选手提供参考素材，提高其理论水平和实际操作能力。

本书通俗易懂、参考性强，主要包括牛的生殖器官、生殖激素功能、发情鉴定、人工授精、妊娠诊断、繁殖管理与疾病防治、胚胎移植、同期发情和同期排卵等内容。在编写中，注重结合实际生产和操作细节，选用大量图片为指导繁殖技术应用提供了直观理解；对于实际操作过程中应特别注意的事项或问题，以“小贴士”的形式进行注释；在每章最后都给出了用以自测的思考与练习题，以便读者明确学习重点和掌握相关技能。

本书是在《图说奶牛繁殖管理技术与繁殖技术》的基础上进行修改完善。在编写和出版过程中得到了全国畜牧总站、中国农业出版社、中国农业科学院科技创新工程［家畜胚胎工程与繁殖创新团队（ASTIP－IAS06－2016）］和国家奶牛创新团队（CARS－36）等单位和项目的大力支持，在此一并表示衷心的感谢。

书中难免存在疏漏或不妥之处，敬请读者批评指正。

编　者

2018年6月

目录
CONTENTS

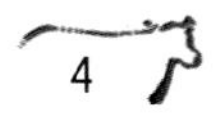

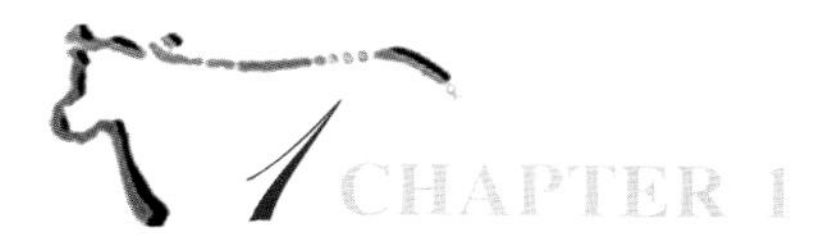

牛生殖器官解剖与生理功能

［简介］理解与掌握牛生殖器官的形态结构、位置和毗邻关系是牛繁育员从事牛人工授精和繁育管理之必要基础知识。本章重点介绍公、母牛生殖系统各器官的组织结构及其生理功能。

1.1 母牛生殖器官及其生理功能

母牛生殖器官包括三个部分：①性腺，即卵巢；②生殖道，包括输卵管、子宫和阴道；③外生殖器官，包括尿生殖前庭、阴唇和阴蒂。生殖器官在母牛骨盆腔中的相对位置见图 1－1，生殖器官实物见图 1－2。

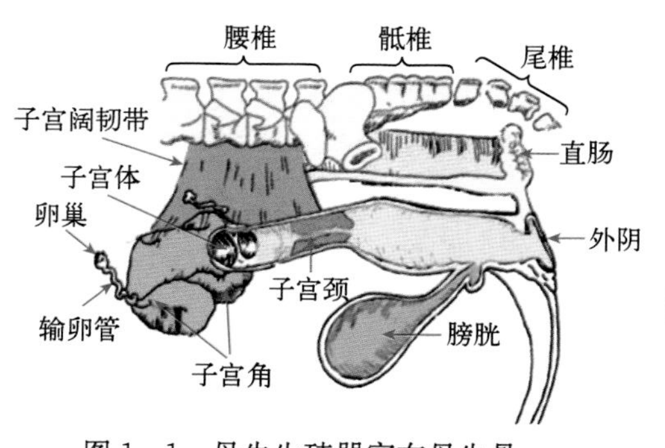

图 1－1 母牛生殖器官在母牛骨盆腔相对位置示意图

（改绘自 http：//www.dxy.cn/bbs/topic/2891108.snap）

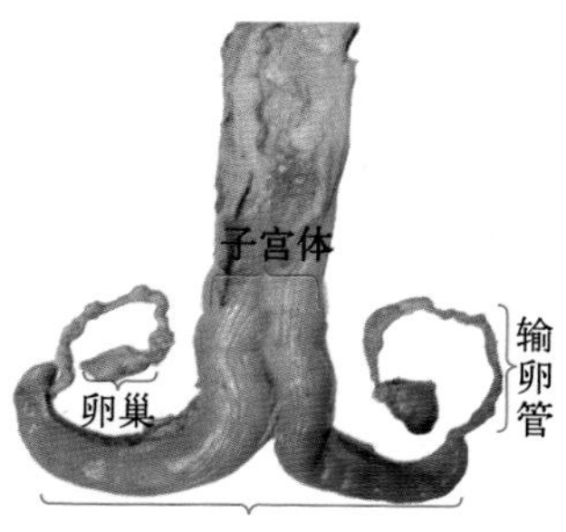

图 1－2 母牛生殖器官实物图

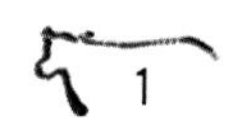

1.1.1　卵巢组织结构和生理功能

1.1.1.1　卵巢组织结构　正常情况下，母牛具有一对卵巢，呈椭圆形，通过卵巢系膜悬浮于耻骨前缘的腹腔内，平均长 3.0～4.0 cm，宽 1.5～3.0 cm，厚 2.0～3.0 cm，平均重量为 10～20 g。卵巢大小（或体积）不仅会随胎次的变化而变化（如成年母牛卵巢比青年母牛大），而且会因发情周期不同阶段的卵巢上发育卵泡和黄体数量以及大小的不同而表现出明显的变化（图 1－3）。

a

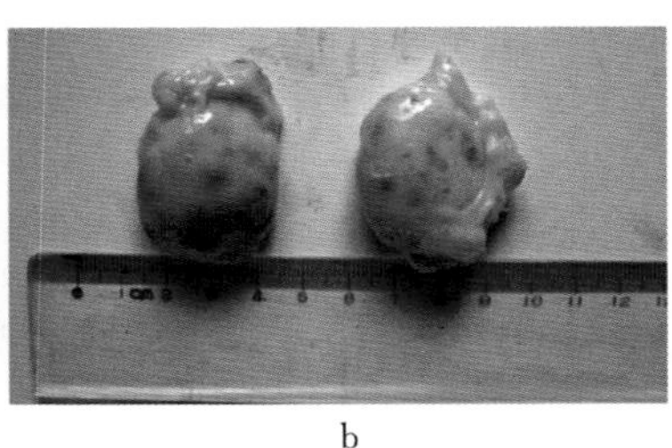

b

图 1－3　母牛一对卵巢实物图

a. 卵巢长分别为 4.5 cm 和 4.5 cm　b. 卵巢宽分别为 2 cm 和 3 cm

小贴士

母牛卵巢于腹腔的位置是否会发生变化？

正常情况下，母牛的两个卵巢位于腹腔耻骨前缘下方，由卵巢系膜将其固定。青年母牛和初产母牛卵巢位于耻骨前缘后方，但是由于母牛胎次增加会导致子宫下垂，以及在妊娠后期胎儿较大等都可能造成骨盆腔内的卵巢向前位移到耻骨前缘下方。直肠检查触摸到子宫角前端（大弯前端或小弯后端）时，直肠内手心转向母牛腹腔荐椎处，一般就能触摸到卵巢。

母牛卵巢组织结构包括两部分结构：髓质和皮质。髓质位于卵巢中间，由结缔组织、血管和神经纤维组成；皮质位于卵巢外周，包含有大量不同发育时期的卵泡（1个卵泡中包含1个卵母细胞）和（或）不同发育阶段的黄体（图1-4）。卵巢剖面示意图见图1-5和图1-6，不同家畜卵巢的具体情况见表1-1。

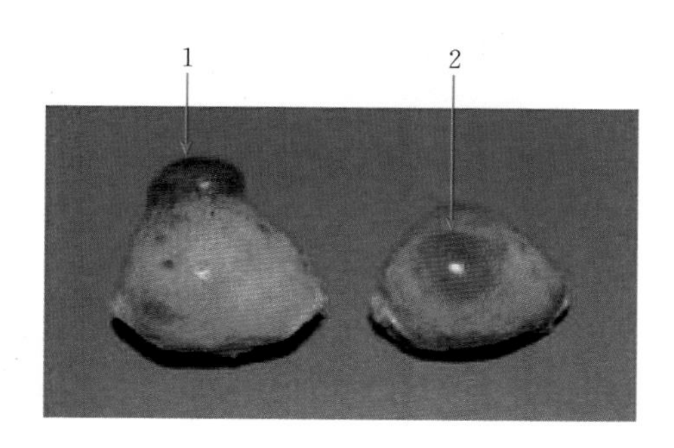

图1-4　牛卵巢实物图（黄体与卵泡）
1. 黄体　2. 卵泡

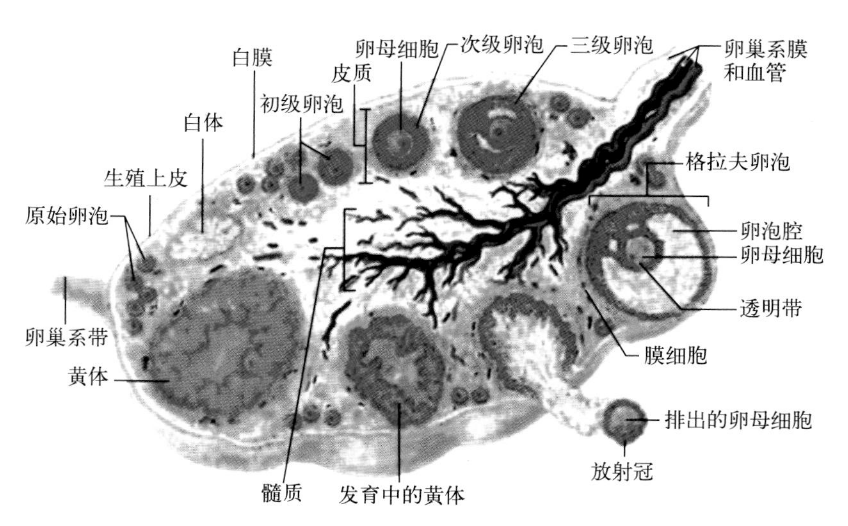

图1-5　卵巢的组织结构示意图
（改绘自，www.colorado.edu/epob/epob4480tsai/ovary.JPG）

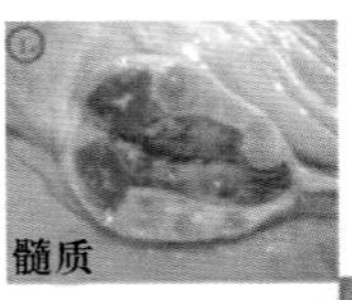

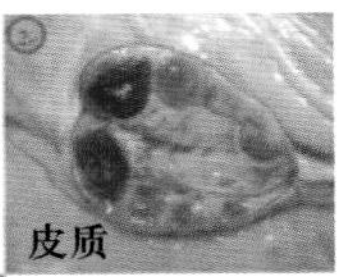

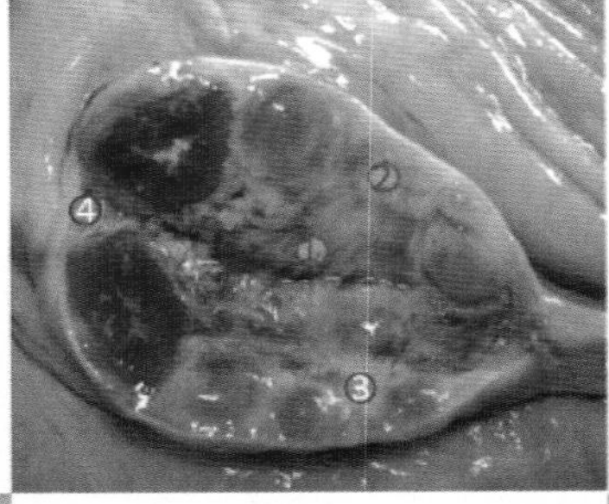

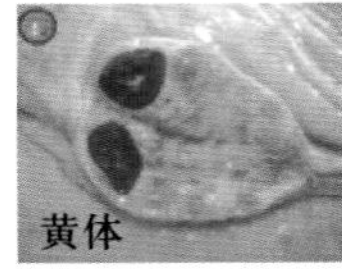

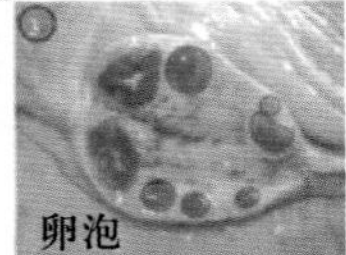

图 1－6　牛卵巢组织结构实物图

（改绘自《母牛发情周期——生殖系统解剖彩色图谱》，朱化彬等译，2014）

表 1－1　不同家畜的卵巢情况

项　　目	畜　　种			
	母牛	母绵羊	母猪	母马
卵巢形状	卵圆形	卵圆形	浆果形（呈串状葡萄）	肾形、有排卵窝
单卵巢重（g）	10～20	3～4	3～7	40～80
成熟卵泡				
数目（个）	1～2	1～4	10～25	1～2
卵泡直径（cm）	12～19	5～10	8～12	25～70
卵母细胞直径（不包括透明带，μm）	120～160	140～185	120～170	120～180
成熟黄体				
形　　状	圆形或卵圆形	圆形或卵圆形	圆形或卵圆形	梨形
直径（cm）	1.0～3.0	0.9	1.0～1.5	1～2.5
达到最大体积时间（排卵后天数，d）	7～10	7～9	14	14
开始退化时间（排卵后天数，d）	14～15	12～14	18	17

1.1.1.2 **卵巢生理功能** 母牛卵巢生理功能主要包括两方面：

（1）卵泡（卵子）生长和发育的场所 牛卵巢是卵泡贮存、生长发育和排卵的场所，同时成熟卵泡排卵后颗粒细胞和膜细胞等发育成黄体，因而卵巢也是黄体发育的场所。

（2）生殖激素合成和分泌的器官 卵巢是合成和分泌生殖激素的器官，一方面卵巢上卵泡膜细胞和卵泡颗粒细胞负责合成和分泌雌激素，黄体细胞负责合成和分泌孕酮；另一方面，卵巢也合成和分泌一些蛋白质激素如抑制素等和一些局部激素如抗缪勒氏管激素等。

1.1.2 输卵管组织结构和生理功能

1.1.2.1 **输卵管组织结构** 母牛输卵管包括左、右两条，是连接卵巢与子宫角的曲折管道，一般长为 20～30 cm。输卵管最前端膨大形成漏斗状，为输卵管漏斗部，漏斗边缘形成许多皱褶呈伞状，成为输卵管伞。输卵管前 1/3 端较粗，称为壶腹部，是卵子和精子受精的地方，其余部分较细，称为峡部，输卵管与子宫前端连接的部分称为宫管接合部（图 1－7）。

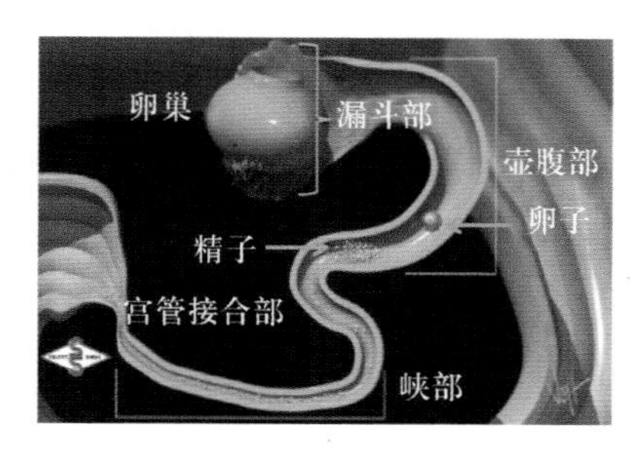

图 1－7 输卵管结构示意图
（改绘自《奶牛科学》第 4 版，2007）

输卵管的管壁从外向内分别由浆膜、肌层和黏膜组成。输卵管肌层由环状或螺旋状肌束组成的内层和纵行肌束组成的外层构成，其中还混有斜行肌纤维，多种类肌纤维混联使得整个输卵管壁能够协调地收缩。黏膜层由柱状纤毛细胞和无纤毛楔形分泌细胞组成。纤毛细胞主要分布在输卵管的近卵巢端，尤其是伞部，远卵巢端逐渐减少。纤毛细胞的纤毛能够伸入管腔并向子宫方向摆动；分泌细胞含有特殊的分泌颗粒，其大小和数量在牛发情周期的不同阶段变化很大。

1.1.2.2 **输卵管生理功能** 母牛输卵管的主要生理功能包括三个

方面：

（1）卵子、精子及受精卵运输的通道　卵巢上成熟卵泡排出的卵子（卵母细胞）由输卵管伞承接后通过漏斗进入输卵管，在输卵管上皮纤毛的摆动、输卵管肌肉分节蠕动和液流的作用下被运送到壶腹部，而精子在输卵管上皮细胞纤毛和液流等作用下也被运达此处。

（2）卵子和精子受精及早期胚胎发育的场所　输卵管壶腹部是卵子和精子发生受精的最适宜部位。成熟的卵子和获能后的精子在壶腹部相遇，发生一系列反应而完成受精，成为受精卵（合子）。受精卵在输卵管一边向子宫方向继续运动，一边继续发育。正常情况下，受精卵通常会在输卵管内停留 3～4 d，发育形成 8～16 细胞的早期胚胎，而后进入子宫继续发育。

（3）分泌功能　输卵管上皮分布有较多的分泌细胞，能分泌大量的营养物质，形成输卵管液。输卵管液 pH 一般为 7～8，弱碱性，主要成分有氨基酸、葡萄糖、乳酸、黏蛋白、黏多糖以及无机盐等，可以为精、卵受精和受精卵发育提供营养物质和适宜的环境。同时，随着母牛发情周期不同阶段的转变，输卵管液的量和成分也会发生相应的变化，如相比于未发情母牛，在发情期的母牛输卵管液分泌量会明显增多。

牛卵巢上卵泡排出的卵子是如何进入输卵管的?

母牛胎儿发育时生殖管道和卵巢之间是分开的，输卵管最前段发育膨大形成输卵管伞。发情时，输卵管伞张开包裹住卵巢，卵巢上成熟卵泡排出的卵母细胞就可以通过输卵管伞进入输卵管。如果母牛卵巢或者输卵管发生粘连而相互之间位置发生变化过大，则排出的卵子（卵母细胞）就有可能不能进入输卵管中，从而造成受精失败。

1.1.3 子宫组织结构和生理功能

1.1.3.1 子宫组织结构 母牛子宫包括子宫颈、子宫体和子宫角（图 1-8）。未妊娠状态下牛子宫全长 40～45 cm，双侧子宫角外形很像绵羊犄角，子宫角在骨盆腔内先向前下方弯曲，后转向后上方，两个子宫角基底部汇合形成子宫体。子宫体向外侧延展发育为子宫颈。子宫体是连接子宫角和子宫颈的部分，长 2～4 cm。子宫颈是牛子宫连接阴道的部分，是一个由肌肉壁形成的管道，长 5～10 cm，粗 3～4 cm。子宫颈阴道部粗大，突出阴道 2～3 cm，黏膜有放射状皱襞，经产牛的皱襞有时肥大如菜花状（图 1-9），称为子宫颈外口。

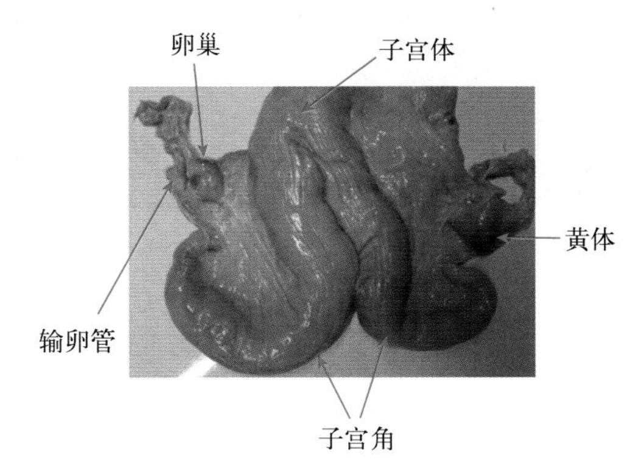

图 1-8 母牛未妊娠子宫实物图

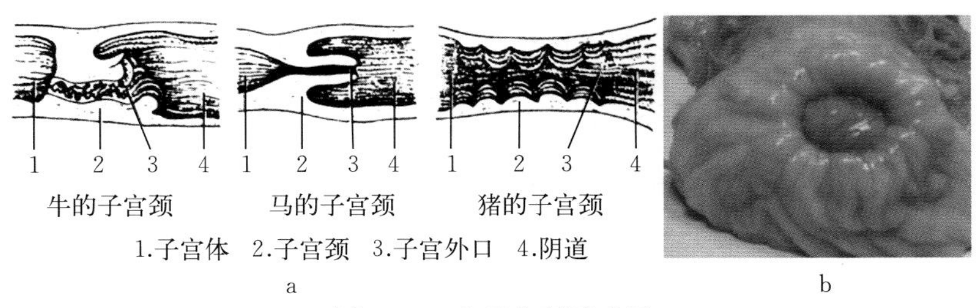

图 1-9 牛子宫颈示意图

（a 改绘自《家畜繁殖学》第 4 版，2004）

a. 不同家畜子宫颈模式图 b. 牛子宫颈外口示例图

子宫组织结构从外向内分别由浆膜、肌层和黏膜组成。浆膜与子宫阔韧带的浆膜相连。肌层分外层和内层，外层较薄，由纵行肌纤维组成；内层较厚，由螺旋形环状肌纤维组成。黏膜由柱状上皮细胞构成的上皮和固有膜构成，上皮下陷进入固有膜形成子宫腺。固有膜也称基质膜，含有大量的淋巴、血管和子宫腺。

牛子宫黏膜分布有 4 列突出于表面的半圆形凸起，称为子宫阜（图 1－10）。母牛未妊时，子宫阜较小，妊娠时发育成为母体子叶，随着妊娠月龄的增加逐渐增大。

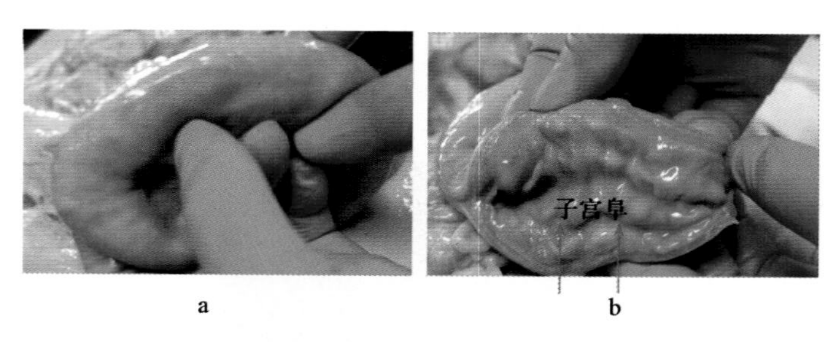

图 1－10　未妊娠母牛子宫角与子宫阜实物图

a. 经产母牛未妊娠子宫角　b. 剖开的经产母牛未妊娠子宫角

1.1.3.2　**子宫的生理功能**　母牛子宫生理功能主要包括：

（1）精子获能和运输场所　发情时，子宫内膜分泌物以及内膜进行糖、脂肪和蛋白质的代谢物能够为精子获能提供理想环境，而子宫肌肉纤维节律性收缩可使精子较快通过子宫到达输卵管。

（2）精子的“选择性贮存库”　母牛子宫颈黏膜隐窝是精子的“选择性贮存库”之一，可剔滤畸形或活力较差的精子，是防止过多精子进入受精部位的第一道栅栏。

（3）胚胎和胎儿发育场所　母牛发情配种后，受精胚胎由输卵管进入子宫角，子宫角内膜分泌物以及糖、脂肪和蛋白质代谢物等为早期胚胎发育（附植前胚胎）提供了理想的环境。附植后，子宫内膜（子宫阜）与胎儿胎盘结合成胎盘，成为胎儿与母体之间营养物质和代谢物交换的器官。分娩时，子宫是胎儿娩出的通道，子宫肌肉的节律收缩是胎儿娩出的主要动力。

（4）保护作用　子宫颈起到保护母牛子宫的作用。发情时，子宫颈稍开张，利于精子进入，而发情周期其他时间则处于闭合状态，防止微生物（异物）进入子宫角内。妊娠时，子宫颈柱状细胞分泌黏液堵塞子宫颈，以防止微生物的感染。

（5）生殖激素合成和分泌功能　如果母牛发情未配种或者配种未妊娠时，在发情周期后期，子宫内膜细胞合成和分泌前列腺素，通过子宫静脉-卵巢动脉进入卵巢黄体组织溶解黄体。

1.1.4　阴道组织结构和生理功能

阴道为扁平肌性管道，连接子宫和阴门，是母牛自然交配时的交配器官和精子贮存库，也是分娩时胎儿娩出的通道。

1.1.5　外生殖器组织结构和生理功能

母牛外生殖器包括尿生殖前庭、阴门（阴唇和阴蒂）（图1-11）。尿生殖前庭为从阴瓣到阴门裂的部分，前高后低，稍为倾斜。牛的前庭自阴门下连合至尿道外口，长约10 cm。

外生殖器是母牛生殖道与外界接触的门户，也是胎儿娩出的出口，而前庭两侧壁黏膜下层的前庭大腺，发情时可分泌大量的黏液。

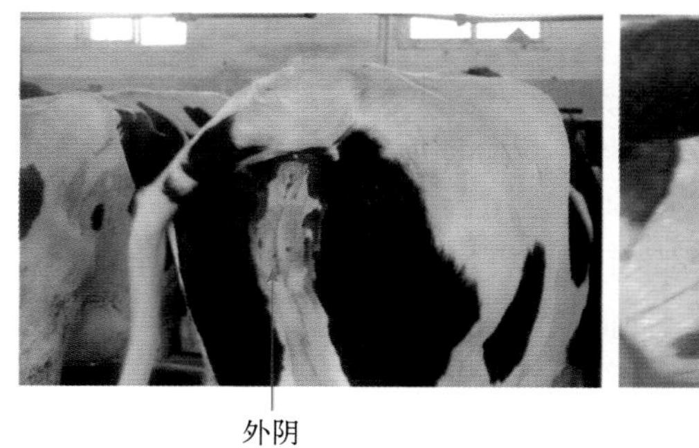

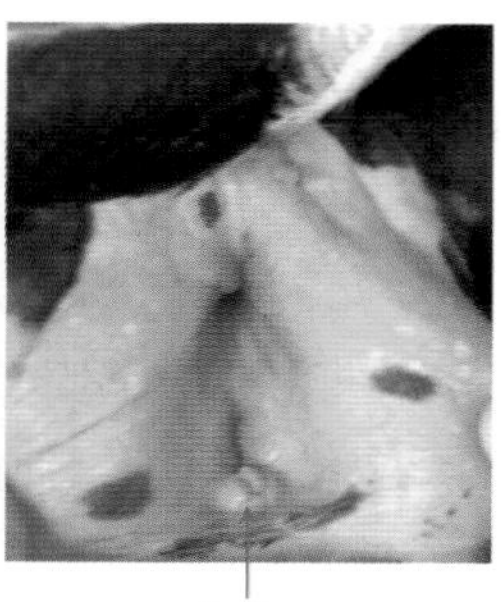

图1-11　母牛外生殖器实物图

1.2　公牛生殖器官及其生理功能

公牛生殖器官包括 4 个部分：性腺（睾丸）、输精管道（附睾、输精管和尿生殖道）、副性腺（精囊腺、前列腺和尿道球腺）和外生殖器（阴茎）（图 1－12）。

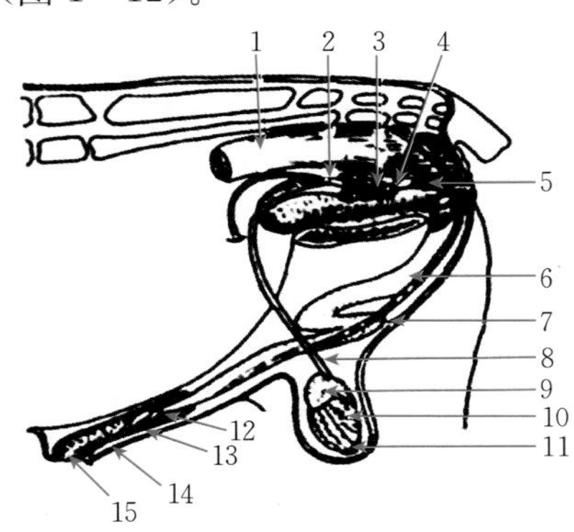

图 1－12　公牛生殖器官位置示意图

（改绘自《家畜繁殖学》第 4 版，2004）

1. 直肠　2. 输精管壶腹　3. 精囊腺　4. 前列腺　5. 尿道球腺　6. 阴茎　7. S 状弯曲　8. 输精管　9. 附睾　10. 睾丸　11. 附睾尾　12. 阴茎游离端　13. 包皮内鞘　14. 包皮外鞘　15. 龟头

1.2.1　睾丸组织结构与生理功能

1.2.1.1　睾丸组织结构　正常情况下，公牛睾丸成对存在，两个睾丸分居于阴囊的两个腔内，呈长卵圆形，长轴和地面垂直。成年牛两个睾丸的重量为 550～650 g（约占体重的 0.09%，见表 1－2）。睾丸由浆膜（固有鞘膜）、白膜和睾丸实质组成。白膜由睾丸一端形成结缔组织索伸向睾丸实质，形成睾丸纵隔。纵隔向四周发出许多放射冠状结缔组织小梁伸向白膜，形成中隔。中隔将睾丸实质分成许多椎体形小叶，每个小叶内有一条或数条直径为 0.1～0.3 mm 盘曲的精细管。

表 1－2 各种家畜睾丸重量对照表

畜种	两个睾丸重量		左右睾丸大小差别
	绝对重（g）	相对重（占体重,%）	
牛	550～650	0.08～0.09	左侧稍大
水牛	500～650	0.069	
牦牛	180	0.04	
马	550～650	0.09～0.13	左侧大
驴	240～300		
猪	900～1 000	0.34～0.38	无固定差别
绵羊	400～500	0.57～0.70	
山羊	150	0.37	
犬	30	0.32	无固定差别
家兔	5～7	0.20～0.30	无固定差别
猫	4.0～5.0	0.12～0.16	无固定差别

引自《动物激素及其应用》，1994 年

精细管由外向内由结缔组织纤维、基膜和复层生殖上皮组成。生殖上皮细胞包括生精细胞和足细胞。精细管在小叶尖端汇合后穿入结缔组织形成导管网，即睾丸网。最后由睾丸网分出 10～30 条睾丸输出管，汇入附睾头的附睾管（图 1－13）。

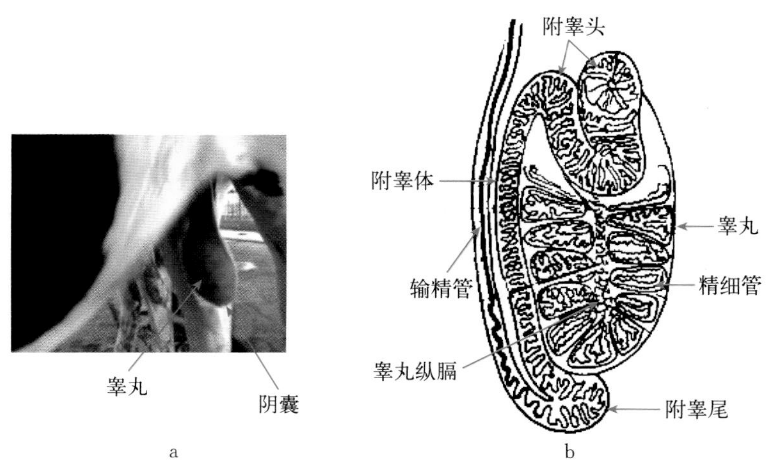

图 1－13 牛睾丸实物及睾丸和附睾组织结构示意图

（b 改绘自《家畜繁殖学》第 4 版，2004）

1.2.1.2 生理功能

（1）精子生成器官 睾丸的主要功能是产生精子。精细管的生精细胞经过多次分裂后形成精子，并运送贮存于附睾。公牛每克睾丸组织每天平均可产生 1 300 万～1 900 万个精子。

（2）雄激素合成和分泌器官 精细管间质细胞可合成和分泌雄激素，而雄激素是维持精子发生、成熟和存活，刺激并维持公牛第二雄性特征和性欲的主要生殖激素。

（3）睾丸液分泌器官 精细管和睾丸网可产生大量的睾丸液，富含钙镁等矿物质离子和少量蛋白质等，对维持精子存活和精子向附睾头运动具有重要作用。

隐睾是怎么一回事?

正常情况下，在胎儿期中期阶段，睾丸开始由腹腔下降到阴囊，如果公牛一侧或两侧睾丸未能从腹腔进入阴囊内，则称为隐睾。隐睾公牛由于睾丸留在腹腔内，温度较高，精子质量差、数量少，因而不能留作种用。

1.2.2 附睾组织结构和生理功能

1.2.2.1 **附睾组织结构** 附睾位于睾丸的后外缘，分为附睾头、附睾体和附睾尾。附睾头朝上，尾朝下。附睾头由睾丸网分出的睾丸输出管组成，这些睾丸输出管呈螺旋状，被结缔组织分成若干附睾小叶。附睾小叶的管子汇集形成附睾管、附睾体和附睾尾，最后逐渐过渡形成输精管，经腹股沟进入腹腔。

附睾管壁由环形肌纤维、单层或部分复层柱状纤毛上皮组成，附睾管起始部管腔狭窄，精子较少，中部和末端逐渐变宽，精子贮存量越来越多。牛附睾管极度弯曲，总长度可达 35～50 m。

1.2.2.2 附睾的生理功能

（1）精子成熟场所　附睾是精子最后成熟的场所。由睾丸精细管产生的精子刚进入附睾头时并未成熟，精子颈部含有大量原生质滴，在附睾运行过程中，这些原生质滴向后移动，从而使精子获得运动能力和受精能力。

（2）吸收和分泌功能　附睾头部可吸收大部分睾丸网液，使精子得到极大的浓缩（约 50 倍浓缩）。同时，附睾也分泌一些物质和液体，对维持渗透压、提供营养物质和抵御外界不良因素的影响等起到重要作用。

（3）精子贮存场所　附睾是精子贮存的器官，正常情况下，公牛的两个附睾可贮存 700 亿个精子，相当于公牛睾丸 3～4 d 的精子产生量，其中附睾尾贮存精子数量占 54%左右。

（4）精子运输功能　精子在附睾内缺乏自主运动能力，主要依靠附睾管（小叶）纤毛细胞和附睾管壁平滑肌收缩精将精子由附睾头运送到附睾尾。

精子为何可较长时间在附睾中贮存？

牛精子可在附睾中贮存 60 d 以上，这可能是因为：

1. 附睾管分泌的物质为精子生存提供了营养物质。
2. 附睾液弱酸性（pH6.2～6.8）抑制了精子活动。
3. 附睾液渗透压较高，导致精子发生脱水现象而缺乏运动能力。
4. 附睾内温度比正常体温低 3～4 ℃，使精子处于相对休眠状态。

1.2.3 阴囊组织结构与生理功能

阴囊是包被睾丸、附睾及部分输精管的袋状皮肤组织，由皮层和内层组成，皮层为皮肤上皮细胞，被毛稀疏；内层为平滑肌纤维组成的肉膜，具有较强的收缩能力。

阴囊的主要功能是保护睾丸和附睾，维持睾丸温度，适宜的温度对于维持生精机能至关重要。

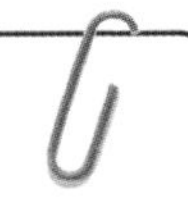

阴囊是如何调节和保持睾丸较低温度的?

阴囊调节睾丸温度主要原理是：

1. 阴囊皮层较薄，汗腺丰富，被毛稀少，有利于散热。

2. 阴囊肉膜肌纤维具有强大的弹性，能改变阴囊壁的厚薄及其表面积，并能改变阴囊和腹壁的距离。

1.2.4 输精管组织结构与生理功能

1.2.4.1 **输精管组织结构** 附睾尾末端延续形成输精管。输精管起端还有些弯曲，但很快变直并与血管、淋巴管、神经等一同包裹在睾丸系膜内形成精索，经腹股沟进入腹腔，向后进入盆腔，最终开口至膀胱颈附近的尿道壁上。输精管由内向外分为黏膜层、肌层和浆膜层。

1.2.4.2 **输精管生理功能**

（1）运输精子 输精管的主要生理功能是运送附睾中成熟的精子至尿生殖道内，从而后续可以在催产素和神经系统的支配下完成精子排入尿生殖道的过程。

（2）分泌功能 输精管也能够分泌一些精液的组成成分，如果糖等物质。

（3）分解吸收作用 在运送精子的过程中，输精管还能够分解、吸收死亡和老化的精子，从而保证后续受精率。

1.2.5 副性腺和尿生殖道组织结构与生理功能

1.2.5.1 **副性腺的形态结构** 公牛副性腺包括精囊腺、前列腺和

尿道球腺，其分泌物是精清的主要来源。

牛精囊腺为致密的分叶状腺体，成对存在，其排泄口与输精管共同开口于尿道起始段顶壁上的精阜，形成射精口。牛精囊腺分泌偏酸性的白色或黄色粘稠液体，富含果糖和柠檬酸，占精清量的40%～50%。

牛前列腺为复合管状的泡状腺体，可分为体部和扩大部，排泄管成行开口于精阜两侧。前列腺分泌无色透明液体，偏酸性，具有营养精子和清洗尿道的作用。

牛尿道球腺是一对位于尿生殖道骨盆部外侧附近的球状腺体，每侧腺体有一个排泄管开口于尿生殖道背侧顶壁中线两侧。牛尿道球腺分泌的液体量较少。

1.2.5.2 **副性腺的生理功能** 公牛副性腺不像公猪和公马那样发达，因而其分泌物的量也较少（每次射精其总量为3～10 mL），但是自然状态下，公牛副性腺分泌物具有重要生理功能：

（1）尿生殖道的天然清洗液 射精前，尿生殖道会事先排出由副性腺分泌的液体，以便于清洗尿道，有助于精子的正常排出，同时也可以避免精子受残留尿液的侵害。

（2）精子的天然稀释液 附睾运出的精子高度浓缩，副性腺分泌的液体刚好充当稀释剂，稀释后的精液中副性腺分泌的精清占比高达85%。

（3）营养精子 副性腺可以分泌一些营养物质，如果糖，为精子提供能量物质。

（4）为精子提供适宜环境 副性腺分泌物的柠檬酸盐和磷酸盐为精子存活和维持受精能力提供了良好的缓冲环境。

1.2.5.1 **尿生殖道的形态结构与功能** 尿生殖道由圆柱形的骨盆部和包有海绵体的阴茎部组成，起于膀胱颈末端，止于阴茎的龟头，是精液和尿液排出共用管道。

1.2.6 阴茎和包皮组织结构与生理功能

1.2.6.1 **阴茎的形态结构和生理功能** 阴茎是公牛的交配器官，

由勃起组织及尿生殖道阴茎部组成，自坐骨弓沿中线先向下，再向前延伸，达于脐部。牛阴茎较细，在阴囊之后折成S形弯曲，阴茎的后端称阴茎根，前端称阴茎头（龟头）。

1.2.6.2　**包皮的形态结构和生理功能**　包皮是一种皮肤被囊，由游离皮肤凹陷后发育而成，其生理功能是保护和滋润阴茎。

思考与练习题

1. 简述母牛生殖道主要组成。
2. 卵巢的主要生理功能包含哪些?
3. 成熟卵泡排出的卵子是如何被运送到受精部位的?
4. 简述子宫的主要生理功能。
5. 简述睾丸的组织结构及生理功能。
6. 精子在附睾中成熟贮存的原因是什么?
7. 简述副性腺的组成和主要生理功能。

主要生殖激素及其生理作用

[简介] 生殖激素是调控母牛生殖器官发育和生殖活动的重要生物活性物质，对母牛生殖器官发育，卵泡生长、发育和排卵，母牛发情，妊娠，分娩和泌乳等具有重要调控作用。

2.1 概念与原理

2.1.1 激素及其生理作用特点

2.1.1.1 **激素的概念** 激素是指由动物机体产生的，经体液循环、空气传播等作用于靶器官或靶细胞，具有调节机体生理机能的一系列微量生物活性物质。激素通常由动物内分泌腺体（无管腺）产生，故又称为内分泌激素。

2.1.1.2 **激素生理作用特点** 激素发挥生理作用具有明显的特点：

（1）游离的激素才能发挥生理功能。一般情况下，激素合成后会被释放到胞外液或血液中，在血浆中只有游离的激素才有生物活性。大部分激素是经内分泌腺体周围的间隙扩散到血液中，然后经过外循环到达靶器官。

（2）激素必须与受体结合才能发挥生理作用。激素是内分泌细胞与靶细胞信息交流的传递者，激素从内分泌细胞合成后会被转运到靶细胞，作为配体，任何一种激素都必须与靶细胞上的特异受体结合，才能发挥其传递信息的生理作用。因此，在动物机体内，靶细胞激素受体的表达与激素的合成与分泌同等重要。

激素的受体具有以下显著特点：

① 结构特异性　一种受体只能与一定构象的激素结合。

② 组织特异性　只有靶细胞才有相应激素的受体。

③ 饱和性　在靶细胞中，一定时间内激素受体数目是有限的。

④ 亲和力　激素的亲和力大小与激素的正常生理浓度相适应。

（3）微量的激素发挥巨大的生理作用。激素在血液中的含量很低，一般为 10^{-12}～10^{-9} g/mL。

（4）激素受分解酶的作用，在血液中不断被降解或代谢，因而激素存在半衰期。激素的半衰期是指由于降解或代谢，激素在血液中的浓度降到其原来一半所需的时间（$T_{1/2}$）。不同激素的半衰期差别很大，例如促性腺激素释放激素（GnRH）就极易失活，半衰期只有几分钟，但是一些小分子激素，例如类固醇激素，却能够与血浆中的特异性蛋白结合，从而大大延长其半衰期。

激素从血液中被降解或者清除是正常的生理过程，灭活的同时会造成负反馈调节减弱，从而又间接促进了激素的合成与释放，因此激素在血液中是通过不断分解、不断补充从而达到其生理所需浓度。

（5）激素的生理作用与激素的量、活性及动物生理阶段直接相关。

（6）不同激素之间具有协同或拮抗作用。

内分泌腺及其特点

母牛腺体可分为两类，一类为外分泌腺体，即有管腺体如尿道球腺等，分泌物由管道直接排出；另一类为内分泌腺，即无管腺体，如性腺和垂体等，其分泌物通过旁分泌、自分泌或者神经内分泌的形式进入细胞外液或血液循环而发挥生理功能。

2.1.2 生殖激素

2.1.2.1 **生殖激素的概念** 生殖激素是指与动物性器官和性细胞发育、性行为发生以及发情、排卵、妊娠、分娩和泌乳等生殖活动有直接关系的激素。

2.1.2.2 **次要生殖激素** 次要生殖激素是指通过调节机体生长和发育、代谢从而间接调节生殖机能的激素，如生长激素、促肾上腺皮质激素、促甲状腺素、甲状腺素、胰岛素、皮质醇等。

2.1.2.3 **生殖激素种类**

（1）按照激素来源分类

① 下丘脑激素 由中枢神经系统丘脑下部分泌的促性腺激素释放激素（GnRH）和催产素（OXT）。

② 垂体激素 由垂体前叶分泌的促卵泡素（FSH）和促黄体素（LH），以及垂体后叶分泌的促乳素（PRL）等。

③ 性腺激素 由卵巢分泌的雌激素（E）、孕激素（P），以及抑制素（IBN）和抗缪勒氏管激素（AMH），以及睾丸分泌的雄激素等。

④ 胎盘激素 由动物妊娠胎盘分泌的激素，包括人绒毛膜促性腺激素（hCG）和绒毛膜促性腺激素（eCG）等。

⑤ 子宫激素 由子宫分泌的激素，如前列腺素（PG）等。

⑥ 外激素 由动物机体特定腺体（一般为外分泌腺）合成并向外界释放的，能够作用于受体动物感受器（一般为嗅觉）从而导致受体行为或生理变化的一类生物活性物质。

（2）按照化学成分分类

① 蛋白质或肽类激素 包括促性腺激素释放激素、促卵泡素、促黄体、促乳素、人绒毛膜促性腺激素和抑制素等。

② 类固醇激素 包括雌激素、孕激素和雄激素。

③ 脂肪酸激素 如前列腺素。

性外激素及其作用

性外激素是指由动物机体特定腺体合成、贮存并向外界环节释放，通过空气或水传播，对同种动物性活动产生影响的一类生物活性物质，如麝香和母猪分泌的类固醇激素等。自然状态下，性外激素的作用主要包括：

1. 召唤异性。
2. 刺激求偶行为。
3. 激发交配行为。

2.2 主要生殖激素及其生理功能

2.2.1 促性腺激素释放激素

2.2.1.1 **来源与结构** 促性腺激素释放激素（Gonadotrophin releasing hormone，GnRH）是由下丘脑神经细胞分泌，由 9 种氨基酸组成的 10 肽类激素（图 2-1）。哺乳动物的 GnRH 在不同动物间相对保守，其中肽链中第 6 和 7 位、第 9 和第 10 位氨基酸之间的肽键易被裂解酶分解，从而失去生物活性，因而 GnRH 在体内极易失活，其在血液循环中的半衰期仅为 5～8 min，离体后半衰期可长达数小时。

2.2.1.2 **生理功能** GnRH 的主要功能是促进牛腺垂体（垂体前叶）细胞合成与分泌 FSH 和 LH。

2.2.1.3 **合成与分泌调节** GnRH 的合成与分泌受到中枢神经系统、神经递质（如儿茶酚胺、多巴胺和 5-羟色胺等）的调节，同时 GnRH 还受到靶器官激素的调节（图 2-2）。这些调节途径分为以下 3 种类型。

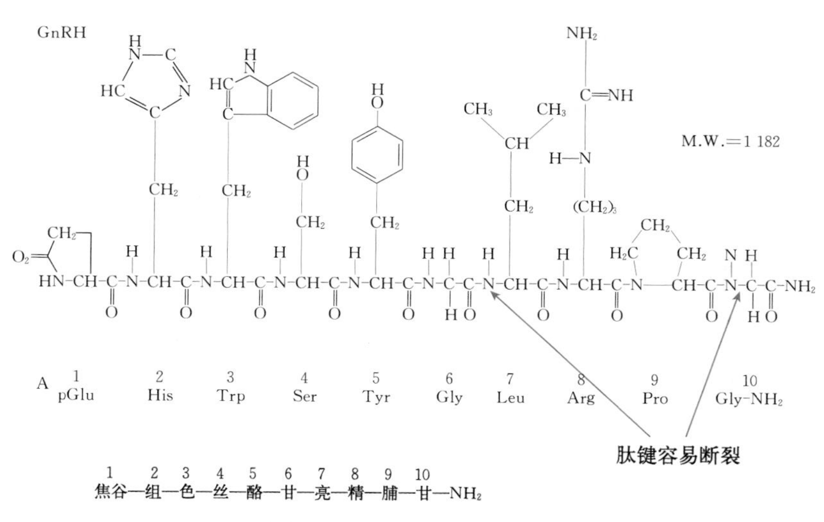

图 2-1　GnRH 的分子结构

（1）长反馈　性腺雌激素作用于下丘脑，引起 GnRH 分泌减少或增加。

（2）短反馈　垂体 FSH 和 LH 作用于下丘脑，引起 GnRH 分泌减少或增加。

（3）超短反馈　血液中 GnRH 作用于下丘脑，调节自身分泌。

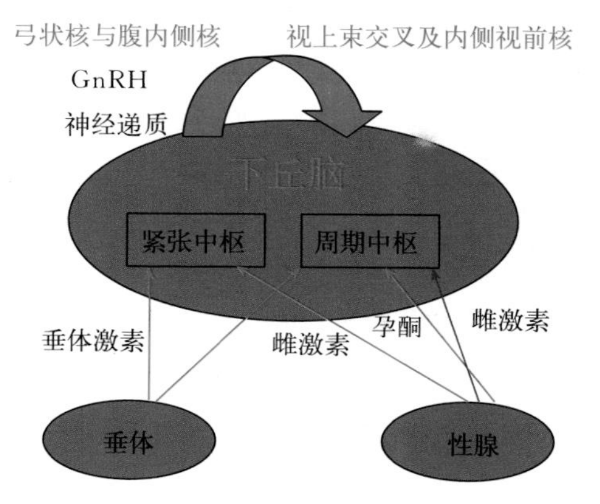

图 2-2　GnRH 的合成与分泌调节示意图

2.2.2 催产素

2.2.2.1 来源与结构 催产素（oxytocin，OXT）是由下丘脑合成，贮存并由神经垂体释放进入血液循环的一种9肽激素，是第一个被测定出分子结构的神经肽，其前体分子的相对分子质量为16 500，在肝微粒体作用下转变为相对分子质量为15 500的激素原。在血液中的半衰期只有3～4 min，其氨基酸组成如下：

1　　2　　3　　　4　　　5　　6　　7　8　9

半胱—酪—异亮—谷氨酰胺—天冬—半胱—脯—亮—甘—NH_2

2.2.2.2 生理功能

（1）刺激子宫平滑肌收缩。

（2）促进黄体溶解。

（3）刺激乳腺肌细胞收缩，引起排乳。

（4）具有加压素的作用，利尿和血液升高。

2.2.2.3 合成与分泌调节 OXT的合成与分泌受神经反射性调节。在分娩时，由于子宫颈受牵引和压迫，反射性地引起OXT释放；泌乳期间，来自乳头的刺激也能反射性的引起垂体快速释放OXT，此外雌激素也能促进OXT的释放。

2.2.3 促卵泡素

2.2.3.1 来源与结构 促卵泡素（Follicle-stimulating hormone，FSH），又称卵泡刺激素，是由母牛垂体前叶嗜碱性细胞分泌的糖蛋白激素，其中糖基部分包括中性己糖（岩藻糖、甘露醇、半乳糖）、氨基己糖（葡萄糖胺、半乳糖胺）和唾液酸，占分子质量的23.9%（绵羊）～24.2%（马），糖基的种类和含量决定了FSH的半衰期，牛FSH在其体内的半衰期约为5 h。

FSH由α-亚基和β-亚基组成，β-亚基决定了其生物活性，相对分子质量为25 000～30 000。

2.2.3.2 生理功能 FSH对母牛的生理作用包括：

（1）刺激小的有腔卵泡的生长和发育。

（2）与 LH 协同作用，刺激卵泡成熟和排卵。

（3）刺激雌激素合成：诱导颗粒细胞合成芳香化酶，催化睾酮转变为雌二醇。

FSH 对公牛作用主要是刺激生精上皮的发育和精子发生。

2.2.3.3 合成与分泌调节 FSH 合成和分泌受到以下调节：

（1）GnRH 的调节 下丘脑合成和分泌的 GnRH 正反馈调节垂体细胞 FSH 的合成和分泌。

（2）抑制素的调节 颗粒细胞合成和分泌的抑制素负反馈调节 FSH 的合成和分泌。

（3）雌激素的调节 卵巢合成和分泌的雌激素可调节 FSH 的合成和分泌，低剂量的雌激素刺激 FSH 的合成和分泌；高剂量的雌激素抑制 FSH 的合成和分泌。

母牛垂体的特点

垂体虽然只占动物体重的万分之一（牛和马垂体重量为 2～5 g），但它是动物（包括人类）非常重要的内分泌器官。垂体包括腺垂体和神经垂体，具体组成见右图。

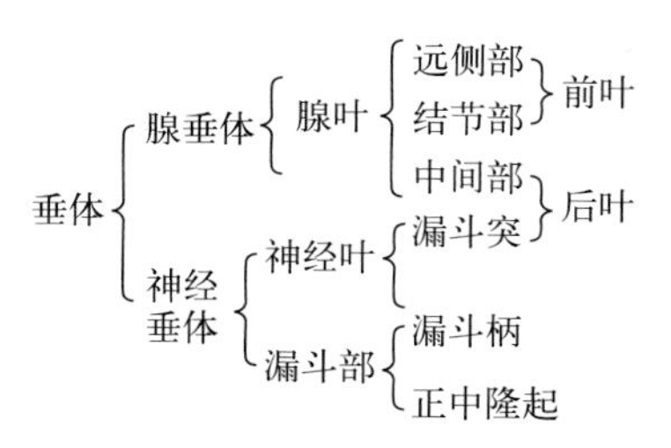

2.2.4 促黄体素

2.2.4.1 来源与结构 促黄体素（Luteinizing hormone，LH）是由腺垂体嗜碱性细胞分泌的糖蛋白质激素，由 α-和 β-两个亚基组成，β 亚基决定激素的特异性，相对分子质量约为 32 500，其糖类含量约为12.2%，而且几乎不含唾液酸，因而其在血液中的半衰期比FSH短，只有30 min。

2.2.4.2 **生理功能** LH对母牛的生理作用包括：

（1）选择性诱导排卵前的卵泡生长发育，并引发排卵。

（2）促进排卵后的颗粒细胞黄体化，维持黄体细胞分泌孕酮。

（3）刺激卵泡膜细胞分泌雄激素，为颗粒细胞合成雌激素提供前体物。

LH对公牛的生理作用是刺激睾丸间质细胞合成和分泌睾酮，促进副性腺的发育和精子最后成熟。

2.2.4.3 **合成与分泌调节** LH合成和分泌受到以下调节：

（1）GnRH的调节 下丘脑合成和分泌的GnRH反馈调节垂体细胞LH的合成和分泌。大多数情况下，LH脉冲和GnRH脉冲一致。

（2）雌激素的调节 卵巢合成和分泌的雌激素可负反馈调节LH的合成与分泌，但是在排卵前，雌激素发挥正反馈调节作用，引发GnRH大量释放，产生排卵前LH高峰。

（3）孕激素的调节 卵巢合成和分泌孕激素可负反馈调节LH的合成与分泌。

小贴士

FSH和LH是否也有运载（结合）蛋白?

一般来说，激素在腺体合成后在血液中需要与结合蛋白（或运载蛋白）结合才能被运送到靶器官或靶细胞，但是目前还没有发现FSH和LH的运载蛋白。

2.2.5 绒毛膜促性腺激素

2.2.5.1 **来源与结构** 马绒毛膜促性腺激素（equine chorionic

gonadotrophin，eCG），是由妊娠 40～150 d 的马属动物子宫内膜杯状细胞合成和分泌的促性腺激素，又称为孕马血清促性腺激素（pregnant mare serum gonadotrophin，PMSG），最早是从妊娠马血液中获得的一种糖蛋白质促性腺激素，具有促进小鼠性成熟和促进卵泡发育的功能。后来发现很多种类动物（包括人类）在妊娠期间胎盘绒毛膜都能合成和分泌具有生理作用的促性腺激素。由马属动物妊娠胎盘绒毛膜合成和分泌的促性腺激素统一称为 eCG，而妊娠期妇女胎盘绒毛膜合成和分泌的促性腺激素称为 hCG（human chorionic gonadotrophin，hCG），绝经妇女分泌的促性腺激素称为 hMG（human chorionic gonadotrophin，hMG）。

eCG 相对分子质量为 53 000，由 α-和 β-两个亚基通过非共价键连接组成，与其他促性腺激素不同，eCG 含有大量糖类（41%～45%），特别是富含唾液酸，而这些唾液酸化的寡糖可降低 eCG 在肝脏和肾脏的代谢和滤过作用，因而其半衰期较长。eCG 在马属动物体内的半衰期为 26 h，而 1 500 IU 的外源 eCG 注射牛体内后，可在血液中持续存在 120 h 以上。

母马妊娠 37～40 d 时，血液中开始出现 eCG；至妊娠 55～75 d时 eCG 含量达到高峰；此后逐渐下降，至 120～150 d 时消失。

2.2.5.2 **生理功能** eCG 具有 FSH 和 LH 的双重生理活性。eCG 的 FSH/LH 活性的比值与马属动物种类、胎儿遗传型、怀孕时间等有关。一般情况下，以 FSH 活性占优，以促进卵泡发育和成熟作用较大。eCG 可促进卵巢卵泡生长发育、成熟，诱导发育成熟的卵泡排卵，促进黄体细胞形成和雌激素的分泌。此外，eCG 对睾丸曲细精管有直接作用，能促进精子发生，促进支持细胞生长。

2.2.6 雌激素

2.2.6.1 **来源与结构** 雌激素是由母牛卵巢卵泡内膜细胞和卵泡颗粒细胞合成分泌的类固醇激素。此外，肾上腺皮质、胎盘和雄性动物睾丸也可分泌少量雌激素。雌激素是一类分子中含 18 个碳原子、化学结构相似的物质，包括雌二醇（Estradiol，E_2）、雌三醇、雌酮等，牛体内雌激素主要为雌二醇。雌激素、孕激素和雄激素等类固醇激素是一类环戊烷多氢菲（胆固醇），含有 A、B、C 三个苯环和 D 环戊烷，具体化学结构式见图 2－3。

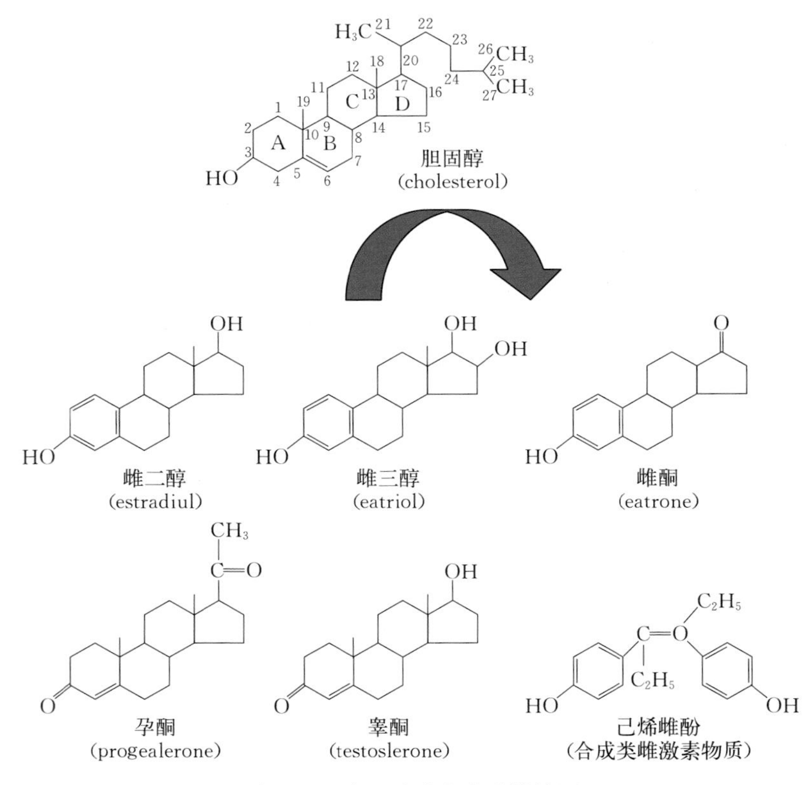

图 2－3　类固醇激素化学结构图

2.2.6.2　**生理功能**　雌激素对母牛下丘脑、垂体和卵巢的生理功能均具有调节作用，主要生理功能包括：

（1）刺激卵泡发育。

（2）在孕激素的参与下，作用于中枢神经系统，诱导发情行为。

（3）刺激子宫和阴道腺上皮增生、角质化、分泌稀薄黏液，为母牛交配作准备。

（4）刺激子宫和阴道平滑肌收缩，促进精子运行。

（5）妊娠期后期，刺激乳腺腺泡和管状系统发育，并对分娩启动具有一定作用。

（6）分娩后与催乳素有协同作用，促进乳腺的发育和乳汁分泌。

2.2.6.3 合成与分泌调节

雌激素的合成和分泌受下丘脑—腺垂体—卵巢轴的调控。

一方面，下丘脑分泌的 GnRH 调节垂体 FSH 和 LH 的分泌，LH 与膜细胞受体结合，促进胆固醇转化成雄烯二酮；FSH 则与颗粒细胞受体结合，促进芳香化酶的合成，而芳香化酶将雄烯二酮转化成为雌激素，从而促进雌激素的合成与分泌（图 2－4）。

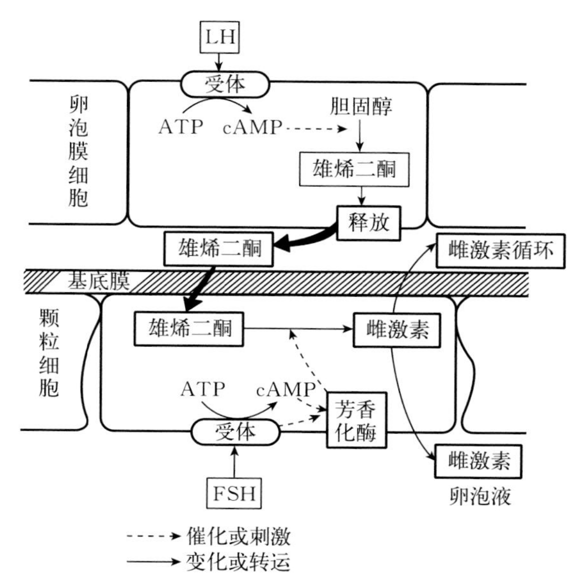

图 2－4　雌激素“双细胞双促性腺激素”合成示意图

另一方面，卵巢卵泡合成与分泌的雌激素又可反馈调节下丘脑和腺垂体激素的合成与分泌。雌激素可正反馈调节腺垂体的活动，如排卵前大量的雌激素合成能够引发腺垂体合成和分泌大量的LH，导致LH峰的出现，诱发排卵。同时，雌激素又能负反馈抑制下丘脑和腺垂体的活动，如高浓度的雌激素能够抑制GnRH的分泌并降低垂体对GnRH的反应，导致FSH分泌减少，从而减少雌激素的合成与分泌。

睾丸为何也能合成雌激素?

在睾丸中，LH刺激间质细胞产生睾酮，部分睾酮进入精细管中的足细胞内，在FSH刺激下足细胞内的睾酮可转化成少量的雌激素，但是睾丸内少量雌激素对雄性家畜的生理作用目前尚不清楚。

2.2.7 孕激素

2.2.7.1 **来源与结构** 孕激素是一类含21个碳原子的类固醇激素，在母牛和公牛体内均存在，既是合成雌激素和雄激素的中间体，又能独立发挥生理作用。母牛体内孕激素主要以孕酮（Progesterone，P）为主。母牛初情期前，孕激素主要由卵泡内膜细胞、颗粒细胞及肾上皮细胞分泌；初情期后，孕激素主要由卵巢黄体细胞合成和分泌。

2.2.7.2 **生理功能** 孕激素主要功能包括：

（1）刺激母牛子宫内膜腺体分泌和抑制子宫肌肉收缩，促进胎盘发育，维持妊娠。

（2）使宫颈黏液黏稠度增加，同时减少黏液中多糖的含量，使精子不易通过，以防过多精子进入子宫。

（3）在雌激素的协同作用下，孕激素能够促进乳腺腺泡的发育；低剂量孕酮与雌激素协同作用促进母牛发情表现。

（4）提升基础体温，孕激素可使基础体温在排卵后提升 1 ℃左右。

2.2.7.3 **合成与分泌调节** 孕激素由黄体细胞合成与分泌。排卵后，LH 刺激卵泡颗粒细胞黄体化，维持和调控孕酮的分泌。而前列腺素可溶解黄体细胞，从而减少孕酮的合成和分泌。

2.2.8 雄激素

2.2.8.1 **来源与结构** 雄激素的来源广泛，肾上腺和性腺（卵巢、睾丸）均可合成雄激素，牛雄激素主要存在形式为睾酮和雄烯二酮。在睾丸中，LH 刺激间质细胞产生睾酮，部分睾酮进入精细管中的足细胞内，在 FSH 刺激下足细胞内的睾酮转化成雌二醇。性腺的雄激素合成量取决于个体的性别，睾丸的雄激素分泌量大约比卵巢高 5 倍。

雄激素的主体结构与雌激素相似，也是一个“环戊烯菲”代表“类固醇框架”，雄激素在芳香化酶作用下转化为雌激素。

2.2.8.2 **生理功能** 雄激素的主要生理功能如下：

（1）在雄性胎儿发育过程中，负责刺激雄性生殖器官的发育（附睾、输精管、阴囊、阴茎等）。

（2）负责启动和维持精子发生，促进雄性第二性征和性成熟，并延长附睾中精子的寿命。

（3）刺激副性腺的发育，作用于中枢神经系统，调节雄性性行为。

（4）反馈调节下丘脑或垂体的内分泌功能，调节 GnRH、LH 和 FSH 的合成与分泌。

2.2.8.3 **合成与分泌的调控** 雄激素的合成与分泌受下丘脑-垂体-睾丸轴的调控（图 2－5）。一方面，下丘脑合成分泌的 GnRH 刺激垂体 FSH 和 LH 的合成与分泌，LH 协同 PRL 和 FSH 直接促进睾丸间质细胞合成分泌雄激素；另一方面，雄激素达到一定浓度又会反过来负反馈调节下丘脑和（或）垂体的活动，抑制 GnRH 和 LH 的释放，使雄激素的分泌减少。雄激素浓度较低就会解除对下丘脑和（或）垂体抑制作用，GnRH、LH 和 FSH 的合成与分泌就会增加，继而促进雄激素的合成。此外，睾丸分泌的抑制素和雌激素也能反馈调节 FSH 的分泌，从而调节雄激素的合成与分泌。

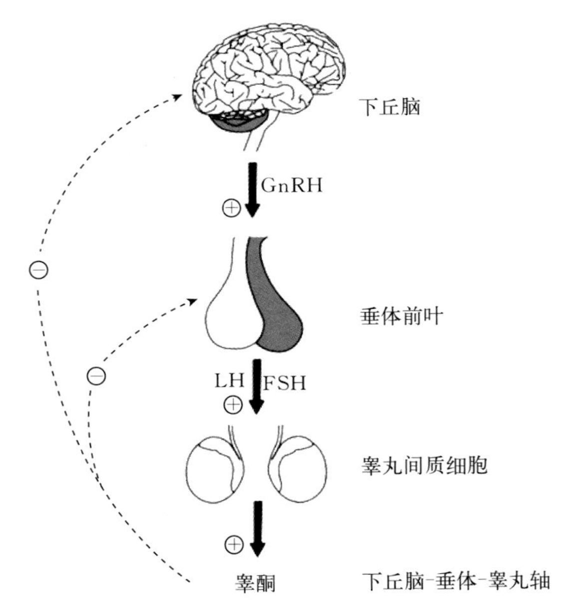

图 2-5　下丘脑-垂体-睾丸轴调节雄激素合成与分泌示意图
图中实线箭头表示正反馈调节，虚线箭头表示负反馈调节
（改绘自 Christoffer 等，*British Journal of Clinical Pharmacology*，2006）

2.2.9　前列腺素

2.2.9.1　**来源与结构**　母牛机体几乎所有组织和体液中都含有前列腺素（prostaglandin，PG）。前列腺素由母牛子宫内膜、胎盘、卵巢等组织器官合成分泌，是花生四烯酸的衍生物，其基本结构为含有 20 个碳原子的不饱和脂肪酸，根据双键数目和取代基的不同，

天然的PG分为A、B、C、D、E、F、G、H和I 9型，而每一型根据烷上取代基的空间结构又可分为α和β两种。不同前列腺素化学结构式见图2-6。

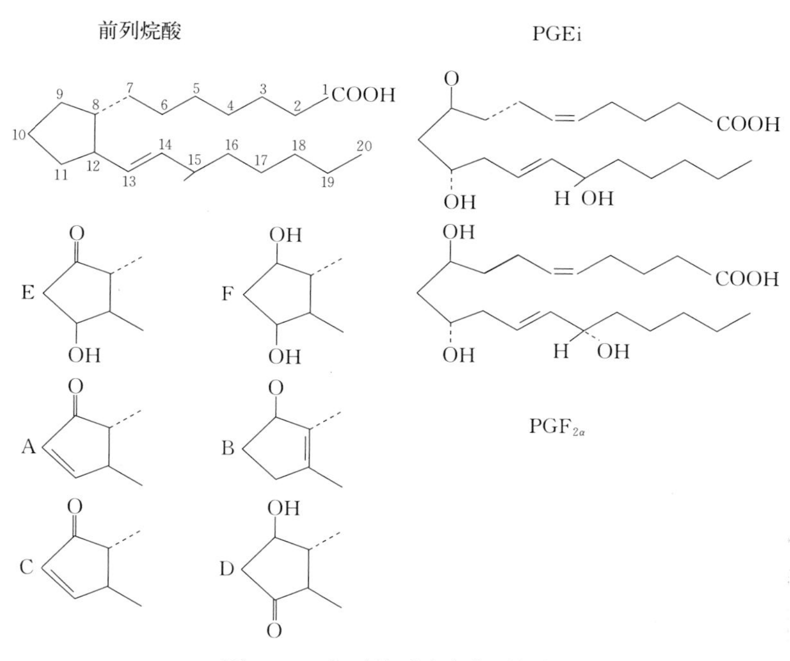

图2-6 主要前列腺素化学结构

2.2.9.2 **生理功能** 不同类型前列腺素具有不同的生理功能，对母牛繁殖起调节作用的是PGF和PGE两类，如前列腺素$PGF_{2\alpha}$及其类似物具有溶解黄体功能。

$PGF_{2\alpha}$可促进子宫平滑肌收缩，对分娩具有重要作用，而分娩后$PGF_{2\alpha}$对子宫的恢复具有重要作用。

母牛子宫内膜合成的$PGF_{2\alpha}$进入子宫静脉，逆流进入卵巢动脉后到达卵巢黄体细胞，从而溶解黄体细胞。$PGF_{2\alpha}$溶解黄体的途径见图2-7。

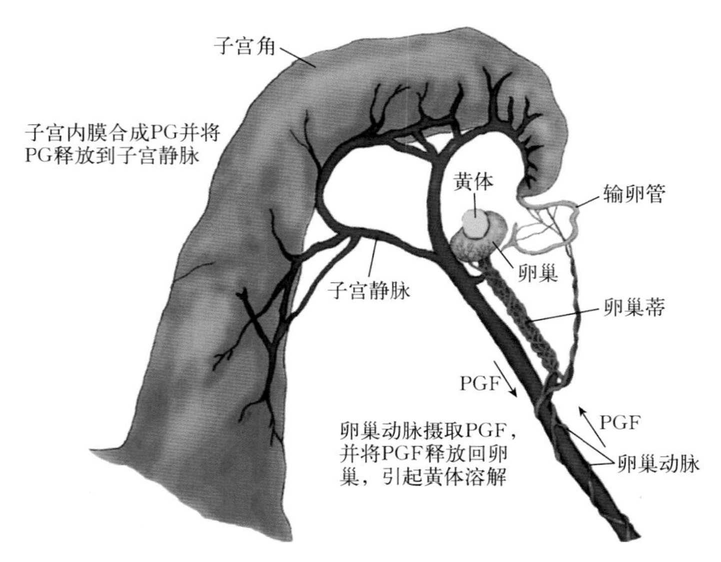

图 2－7　前列腺素溶解黄体示意图

小贴士

前列腺素是如何溶解黄体的？

1. 正常情况下，如果牛发情后未配种或者配种未妊娠，则在发情周期的第 16～17 天黄体在前列腺素的作用下开始溶解。

2. $PGF_{2\alpha}$主要通过两种机制溶解卵巢黄体。

（1）减少黄体血流量　$PGF_{2\alpha}$溶解黄体作用的重要途径是迅速减少黄体血流量。研究表明，$PGF_{2\alpha}$注射 8 h 后，黄体血液供应减少，黄体结构开始溶解，黄体体积缩小。

（2）对黄体细胞的直接作用　$PGF_{2\alpha}$可通过减少和抑制 cAMP 的合成起作用。黄体细胞内 cAMP 的正常合成依赖于细胞膜表面 LH 受体，$PGF_{2\alpha}$还可通过减少黄体细胞 LH 受体，进一步抑制 cAMP 的合成。

2.3 发情周期主要生殖激素变化及其作用

2.3.1 发情周期生殖激素变化

初情期后母牛就具有了正常发情和繁殖能力。在母牛发情周期中下丘脑-垂体-卵巢生殖轴激素会发生显著变化。首先，下丘脑合成分泌的 GnRH 刺激垂体细胞合成和分泌促性腺激素 FSH 和 LH，FSH 促进母牛卵巢生长卵泡池中的小有腔卵泡继续生长发育，而发育中的卵泡合成和分泌雌激素，大量的雌激素正反馈促使腺垂体合成和分泌大量的 LH，形成 LH 峰，刺激排卵。其次，排卵后的卵泡颗粒细胞和卵泡膜细胞在 LH 的刺激下发育形成黄体，黄体细胞分泌孕酮。雌激素和孕酮可负反馈调节下丘脑 GnRH 的合成和分泌，以及负反馈调节垂体 FSH 和 LH 的合成和分泌。如果母牛未配种或者配种未妊娠，则在发情周期的一定时间（一般发情周期第 16 天左右），子宫内膜细胞合成和分泌的前列腺素（PG）由子宫静脉-卵巢动脉进入卵巢黄体细胞，继而黄体细胞开始退化溶解，新一轮卵泡发育开始，母牛进入下一个发情周期。母牛发情周期中主要生殖激素变化见图 2-8。

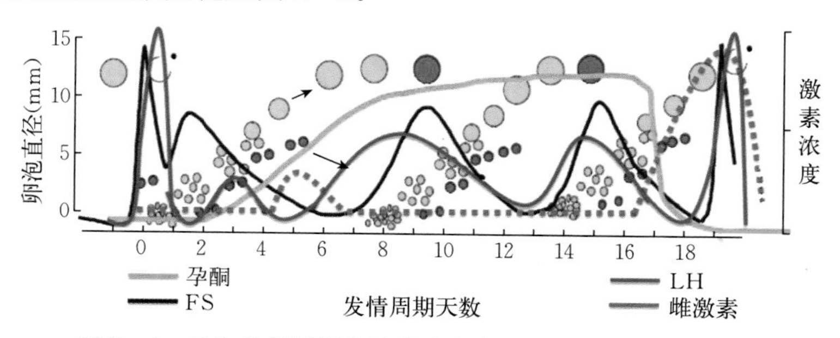

图 2-8 母牛发情周期卵泡发育与主要生殖激素变化示意图

（改绘自 Forde 等，*Animal Reproduction Science*，2010）

2.3.2 主要生殖激素生理作用

在母牛发情周期中，主要生殖激素的生理作用可分为卵泡期和黄体期。

（1）卵泡期　卵泡期主要生殖激素的作用见图 2－9。下丘脑分泌的促性腺激素释放激素（GnRH）促进垂体促卵泡素（FSH）和促黄体素（LH）的合成及分泌。FSH 可促进卵巢上有腔卵泡的生长和发育，其中最大卵泡直径达到 8 mm 时，其生长速度显著快

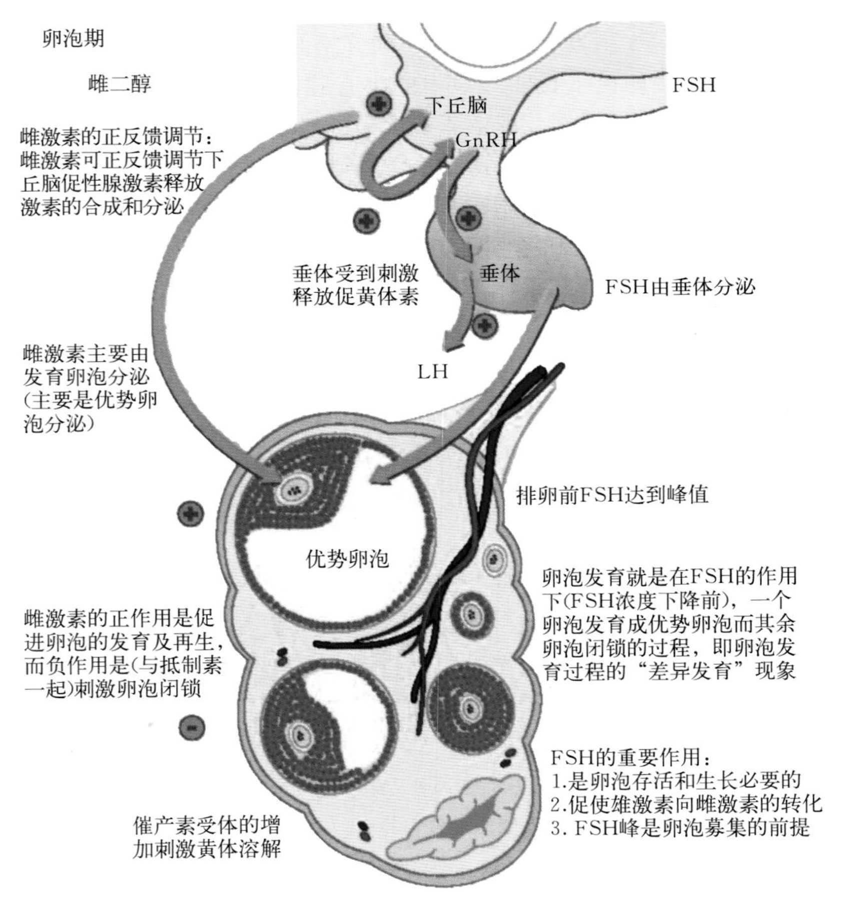

图 2－9　卵泡期主要激素来源和生理作用

（图中“＋”表示正反馈调节；“－”表示负反馈调节。

引自《母牛发情周期——生殖系统解剖彩色图谱》，朱化彬等译，2014）

于其他卵泡，成为优势卵泡，而其余卵泡在退化闭锁。卵泡发育过程中，卵泡膜细胞和颗粒细胞合成和分泌雌激素（主要为雌二醇）增加，雌激素负反馈调节下丘脑减少 GnRH 和垂体减少 FSH 合成与分泌，但是大量雌激素会诱导 LH 脉冲式分泌。而优势卵泡膜（颗粒）细胞上 LH 受体也明显增加，在 LH 脉冲式分泌刺激下优势卵泡发生排卵。

（2）黄体期　黄体期主要生殖激素的作用见图 2－10。LH 刺

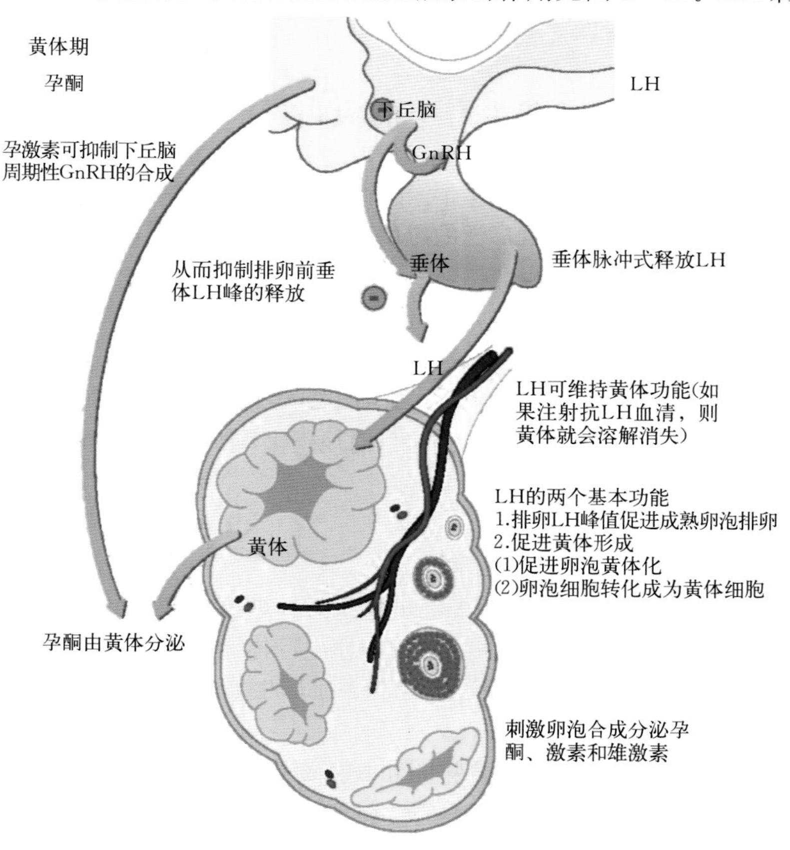

图 2－10　黄体期主要激素来源和生理作用

（图中“＋”表示正反馈调节；“－”表示负反馈调节。引自《母牛发情周期——生殖系统解剖彩色图谱》，朱化彬等译，2014）

激排卵后的卵泡颗粒细胞黄体化，并刺激黄体细胞分泌孕酮，而孕酮负反馈调节垂体减少 LH 的分泌。如果母牛发情配种并妊娠，则黄体继续分泌孕酮，维持妊娠直至分娩。如果母牛发情未配种或者配种未妊娠，则在发情周期的 13 d 后子宫内膜细胞合成前列腺素（PG）增加，溶解黄体，孕酮浓度降低，孕酮对下丘脑-垂体的抑制作用解除，新的发情周期开始。下丘脑分泌 GnRH 又开始刺激垂体合成和分泌 FSH，而 FSH 刺激卵巢开始新一轮卵泡发育并形成优势卵泡和排卵。

2.4 生殖激素在生产中的应用

生产中，生殖激素在母牛繁殖性能调控、繁殖程序化管理和繁殖疾病治疗等方面得到广泛的应用。

2.4.1 促性腺激素释放激素的应用

GnRH 的生理功能是促进垂体细胞 FSH 和 LH 的合成与分泌，因此生产中 GnRH 制剂主要用于母牛诱导母牛发情和排卵，也可用于治疗卵泡囊肿。特别是目前规模化奶牛场在奶牛同期排卵-定时输精技术中广泛应用。

2.4.2 促性腺激素的应用

FSH 的主要生理功能是促进卵巢有腔卵泡的生长和发育，因此在生产中，FSH 制剂在牛超数排卵生产体内胚胎中得到广泛应用。同时，低剂量的 FSH 可用于治疗母牛卵巢静止，诱导母牛发情。

LH 的主要功能是诱导排卵和刺激黄体细胞分泌孕酮，因此在生产中，LH 制剂可用于诱导母牛排卵，治疗卵巢囊肿等。

2.4.3 孕激素的应用

孕激素（P_4）的主要生理功能是维持妊娠和抑制母牛发情，

因此在生产中，P_4 制剂如 CIDR 等在母牛同期发情中得到广泛应用。也有用 P_4 治疗黄体细胞分泌孕酮不足的妊娠母牛或者有流产征兆的母牛，但是治疗效果一般不太理想。

2.4.4 前列腺素的应用

前列腺素 $PGF_{2\alpha}$ 的主要功能是溶解黄体，因此在生产中，$PGF_{2\alpha}$ 制剂在牛同期发情和同期排卵-定时输精技术中得到广泛应用，也可用于治疗广泛卵巢黄体囊肿。

生产中母牛应用生殖激素，应注意哪些问题？

为了保证在生产中利用生殖激素调控母牛繁殖性能和治疗母牛繁殖疾病的效果，应该特别注意以下几点。

1. 激素剂量和用药次数。
2. 母牛所处的生理阶段。
3. 不同激素相互之间的作用与配伍。

生产中应用生殖激素处理母牛是否会产生抗体或产生免疫抗性？

生产中为控制母牛同期发情、治疗奶牛卵巢机能静止以及预防流产等，牧场牛繁育员会经常性地使用生殖激素处理母牛。研究表明，经常性地使用生殖激素处理母牛可能会在母牛体内产生免疫抗性，如长期使用黄体酮可能会延长妊娠期，长期使用 GnRH 会引发免疫耐受、性腺萎缩等不良反应，但是关于外源生殖激素是否会引发母牛免疫抗性还需进一步深入研究。

思考与练习题

1. 激素发挥生理作用的主要特点是什么？
2. 简述 GnRH 的主要生理功能及其在生产中的应用。
3. 简述 FSH 的主要生理功能及其在生产中的应用。
4. 简述 LH 的主要生理功能及其在生产中的应用。
5. 简述雌激素的“双细胞-双促性腺激素”合成模式。
6. 雌激素和孕激素的主要生理功能是什么？
7. 简述下丘脑-垂体-睾丸轴调控模式。

发　情　鉴　定

[简介] 发情鉴定是生产中母牛人工授精配种的前提和基础。本章介绍了母牛发情周期不同时期卵巢上卵泡和黄体发育特征以及母牛行为变化，重点介绍了母牛发情鉴定的主要技术方法及其应用。

3.1　概念与原理

3.1.1　初情期与繁殖年龄

初情期是指母牛初次发情并排卵的年龄，因品种和地域（环境）不同而存在一定的差异，一般为8～14月龄（表3-1）。

表3-1　不同品种牛的繁殖年龄

牛种	初情期（月）	性成熟（月）	适配年龄（年）	体成熟期（年）
黄牛	8～12	10～14	1.5～2.0	2～3
奶牛	6～12	12～14	1.2～1.5	1.5～2.5
水牛	10～15	15～20	2.5～3.0	3～4

初情期的母牛虽然开始正常发情排卵，但是还没有达到性成熟，更没有达到体成熟，因此，初情期的母牛还不适宜配种。

目前，国内有些牛场青年奶牛开配年龄提早到13月龄，但要求青年牛的体高达到127～128 cm，体重要求达到375 kg以上（成年牛体重的75%左右）。

自然状态下，初情期后到生殖机能停止的时间称为牛繁殖年龄。因为影响因素较多，很难估测奶牛的平均繁殖年龄。实际生产中，绝大多数奶牛的使用年限都不可能达到其繁殖年龄的上限，因为奶牛一般平均在4胎前就可能因为各种原因而淘汰了。

3.1.2 发情周期

3.1.2.1 发情周期划分 初情期后或产后未妊娠母牛卵巢上卵泡和黄体呈周期性变化，这样的一个变化周期即为发情周期，可分为发情期（卵泡期）和间情期（黄体期）。母牛发情周期平均为21 d，范围为18～24 d。发情期又可细分为发情前期、发情期和发情后期，不同时期的划分及其时间（天数）和卵巢黄体和卵泡变化见图3-1。

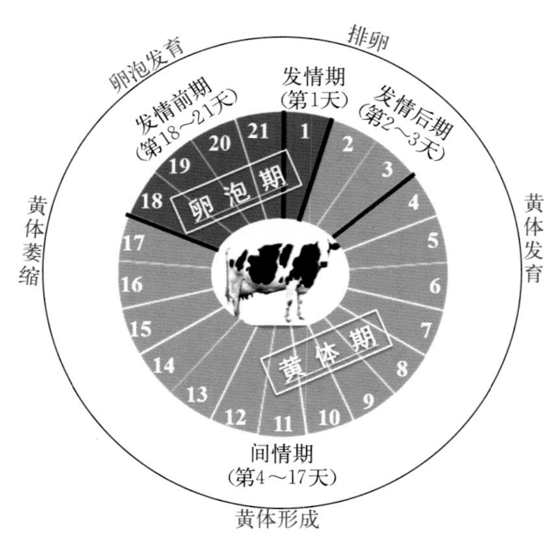

图3-1 奶牛发情周期时间划分示意图

为何要将牛发情周期划分为不同时期?

1. 为了便于生产需要，人为地将母牛发情周期划分为不同时期，其实，母牛发情周期中卵泡和黄体的发育是渐进和连续的。

2. 母牛平均发情周期为 21 d，18～24 d 均属正常。

3. 卵泡期一般为 5～6 d，黄体期为 14～15 d。

牛是单胎动物，一般来说，发情时只有一个卵泡发育成熟并排卵，个别情况下可排 2 个卵子，极少数可排 2 个以上卵子。但是，大多数奶牛（>95%）一个发情周期中卵巢上却可能出现 2 或 3 个卵泡发育波，即 2～3 批数量不等的生长卵泡经募集、选择、优势化而发育成优势卵泡，但是只有临近发情的卵泡发育波中的优势卵泡才能最终发育成熟并排卵，其余卵泡则在不同的发育阶段闭锁退化（图 3-2 和图 3-3）。

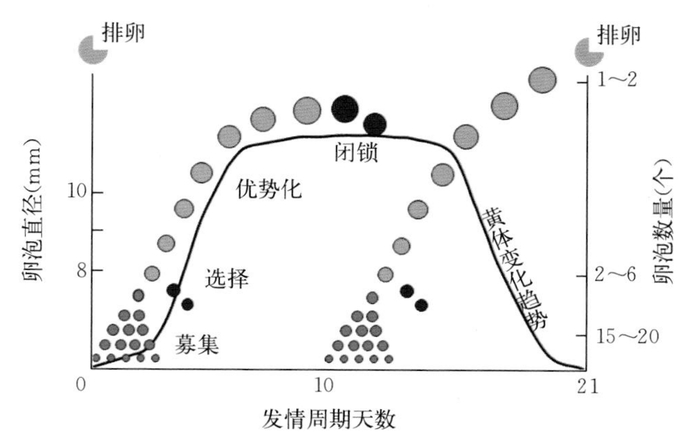

图 3-2　2 个卵泡发育波示意图

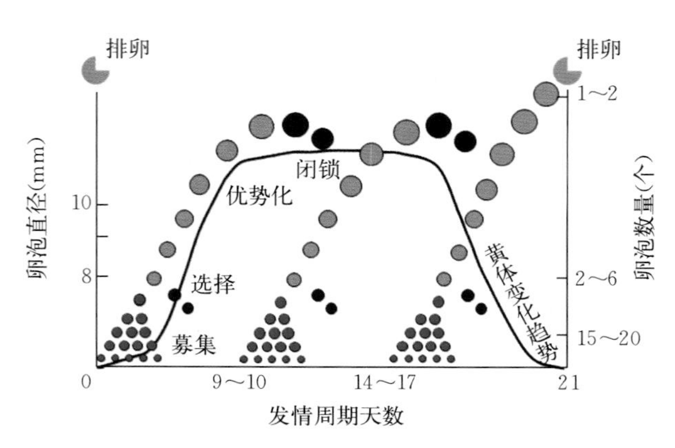

图 3-3　3 个卵泡发育波示意图

自然状态下，大部分母牛（70％）在一个发情周期中有 2 个卵泡发育波，分别从发情周期第 2～3 天和第 9～10 天开始，约有 30％母牛在一个发情周期有 3 个卵泡发育波，分别从发情周期第 2 天、第 8～9 天和第 15～16 天开始。一般情况下，具有 2 个卵泡发育波母牛的发情周期时间为 19～21 d，而具有 3 个卵泡发育波母牛的发情周期时间稍长，为 22～23 d，因此发情周期天数≤21 d 的大多数母牛（88％以上）具有 2 个卵泡发育波，而发情周期天数≥22 d的大多数母牛（78％以上）具有 3 个卵泡发育波。

母牛一个发情周期中卵泡发育波数量不受季节的影响，但是营养有可能影响母牛发情周期中是 2 个卵泡发育波还是 3 个卵泡发育波。具有 2 个卵泡发育波的母牛，其第 2 个卵泡波中发育到排卵的时间比具有 3 个卵泡波长 3～5 d，因此有研究表明，2 个卵泡发育波母牛的人工授精受胎率低于 3 个卵泡发育波的母牛，但另有研究表明两者间没有差别。

3.1.2.2　卵泡和黄体的发育与变化　卵巢上的优势卵泡成熟排卵后，黄体逐渐形成、发育并分泌孕酮。如果母牛没有参加配种，或者配种后未妊娠，则黄体在一定时间后开始退化，卵巢上新的卵泡波开始发育，下一个发情周期开始（图 3－4 和图 3－5）。

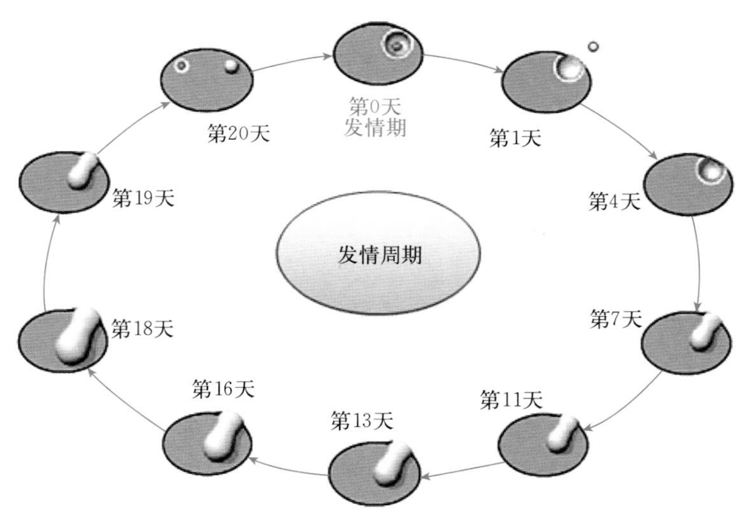

图 3－4　卵泡与黄体发育示意图

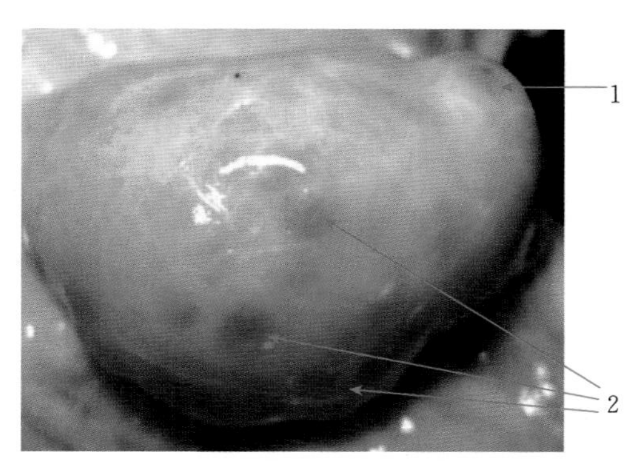

图 3－5　卵巢卵泡和黄体发育实物图

1. 发育良好的黄体　2. 大小不等的卵泡

卵泡和黄体是如何变化的?

1. 牛卵巢上卵泡与黄体发育和退化是一个连续和渐进的过程，卵泡期可能有黄体存在，黄体期同样也可有卵泡发育。

2. 卵泡排卵后，卵泡颗粒细胞黄体化形成黄体细胞，分泌孕酮。在发情周期的第 13 天后，如果母牛没有配种或者配种没有妊娠，则黄体细胞开始退化，下一个周期新一轮卵泡发育开始，并形成优势卵泡和排卵。

小贴士

直肠触诊时，如何区分黄体和卵泡?

母牛卵巢上卵泡和黄体的发育是进行性的，直肠触诊检查时应能正确区分卵泡和黄体。可从液体感、质地、位置（皮质下）等方面区分卵泡和黄体。

1. 卵泡　卵泡处于卵巢皮质下，呈圆形，开始发育时较小，随着发育体积逐渐增大，卵泡液增多，质地较软，成熟卵泡触诊时具有明显的液体感，刚刚排卵的卵泡有“葡萄皮”感。

2. 黄体　开始发育时可感觉到塌陷的排卵窝，随着黄体发育，体积逐渐增大，没有液体感，质地也较硬。黄体一般突出卵巢表面，排卵 7 d 后的黄体可感觉其顶部有明显的排卵点（窝），发情周期后期，黄体开始退化，体积逐渐变小，最后形成较硬的白体或黄体遗迹。

3.1.2.3　**主要激素变化与卵泡和黄体变化的关系**　母牛发情周期中，FSH 合成与分泌、LH 合成与分泌，以及卵巢上卵泡发育与雌激素合成与分泌、黄体发育和孕酮合成与分泌等见图 3－6。

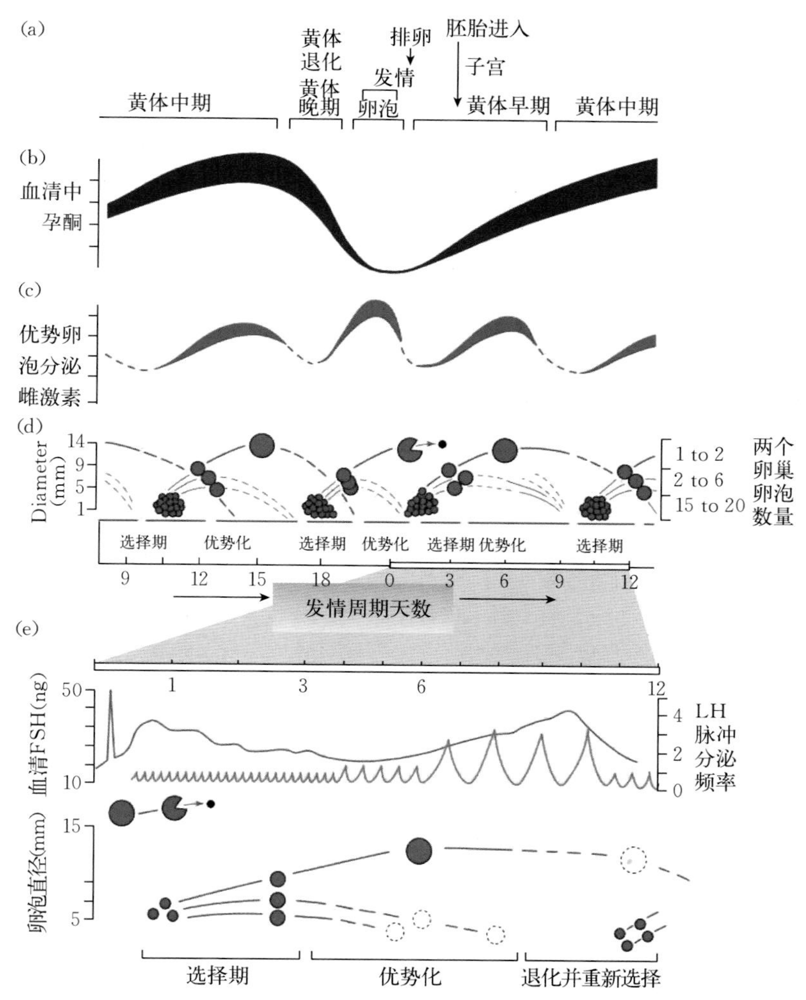

图 3-6 母牛发情周期主要生殖激素与卵巢卵泡和黄体发育示意图

a. 卵泡和黄体发育时期划分 b. 血清中孕激素变化模式 c. 血清中雌激素变化模式 d. 卵泡选择和优势化（3 个卵泡发育波） e. FSH 和 LH 分泌模式及卵泡选择和优势化模式（2 个卵泡发育波）

（改绘自 James F. Roche，*Control and regulation of folliculogenesis-a symposium in perspective*，1996）

3.1.2.4 **母牛发情周期不同阶段生理和行为变化** 母牛发情周期不同阶段卵巢、生殖道和子宫腺体主要生理变化见表3-2。

表3-2 母牛发情周期不同阶段主要生理变化

周期阶段	卵　巢	生殖道	子宫腺体
发情前期	上周期形成的黄体退化、萎缩，新卵泡开始发育	生殖道上皮开始增生，外阴轻度充血肿胀，子宫颈松弛	腺体分泌开始加强，稀薄黏液逐渐增多
发情期	卵泡迅速发育，体积不断增大	生殖道充血，外阴充血肿胀，子宫颈口开张，子宫输卵管蠕动加强	腺体活动进一步增强，阴道中流出透明黏液，可呈棒状悬挂
发情后期	成熟卵泡破裂排卵，新黄体开始形成	阴道充血状态消退，黏膜上皮脱落，外阴肿胀消失，子宫颈逐渐收缩	腺体活动减弱，分泌量少而黏稠的黏液，子宫腺体肥大增生
黄体前期	黄体发育完全	子宫内膜增厚，黏膜上皮呈高柱状	子宫腺体高度发育，分泌活动旺盛
黄体后期	未妊娠时，黄体逐渐退化；若妊娠则周期黄体转为妊娠黄体	增厚的子宫内膜回缩，呈矮柱状	子宫腺体缩小，分泌活动停止

3.1.3 发情期母牛行为和生殖道分泌物变化

3.1.3.1 **发情行为变化** 随着卵泡发育与成熟，卵泡颗粒细胞和卵泡内膜细胞分泌大量雌激素，刺激母牛生殖道、行为等发生一系列变化。母牛发情期可具体划分为发情前期、发情期和发情后期，不同时期母牛行为表现如下：

（1）发情前期 母牛食欲减退，兴奋不安，哞叫，四处走动，舔嗅其他母牛外阴或爬跨其他母牛，但不愿意接受其他母牛爬跨；

外阴轻度充血、肿胀，阴道和子宫腺体分泌少量稀薄、透明黏液（图 3－7）。

图 3－7 母牛发情前期的发情行为示例图

（2）发情期　食欲明显下降，哞叫，常举起尾根，后肢开张，作排尿状，愿意接受其他牛爬跨并站立不动；外阴充血肿胀，可见大量稀薄、透明黏液流出阴道（图 3－8）。

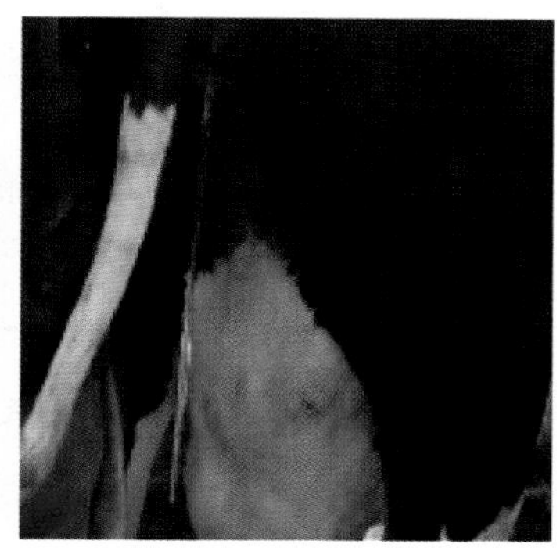

图 3－8 母牛发情期的发情行为示例图

（3）发情后期　母牛性欲减退，逐渐安静下来，尾根紧贴阴门，虽然仍愿意接近其他母牛，但已不再接受爬跨；外阴肿胀减退，黏液由稀薄变得较黏稠，颜色也由透明变为黏稠的乳白色（图 3－9）。

图 3－9　母牛发情后期的发情行为示例图

什么是站立发情?

1. 站立发情是指发情期的母牛接受其他母牛爬跨而站立不动，是母牛在雌激素的作用下表现的性行为。

2. 站立发情持续时间一般为 4～12 h，接受其他母牛爬跨次数 15 次左右。

3. 站立发情是母牛发情的外在标志，因而是人工观察发情的重点。

3.1.4　发情期母牛卵巢变化

母牛发情时卵巢上卵泡发育变化情况可分为卵泡出现期、卵泡发育期、卵泡成熟期和排卵期。

3.1.4.1　**卵泡出现期**　发情前期，母牛卵巢上多个有腔卵泡在 FSH（促卵泡素）的刺激下开始发育（图 3－10）。

3.1.4.2　**卵泡发育期**　发情盛期的母牛卵巢上卵泡继续发育，体积不断增大，其中一个卵泡发育成为优势卵泡。如图 3－11 所示。

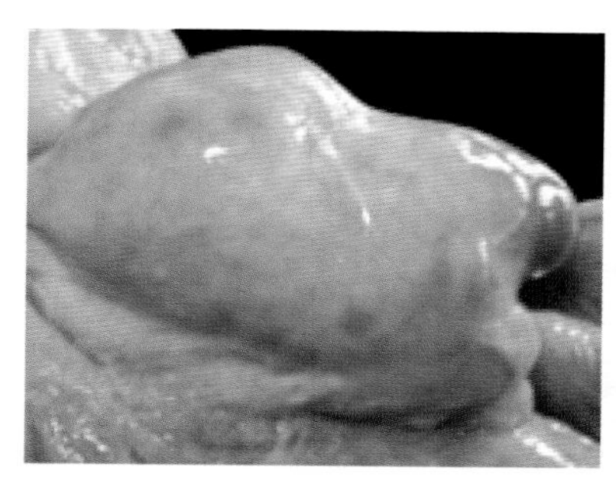

图 3-10 卵泡出现期的卵巢示例图

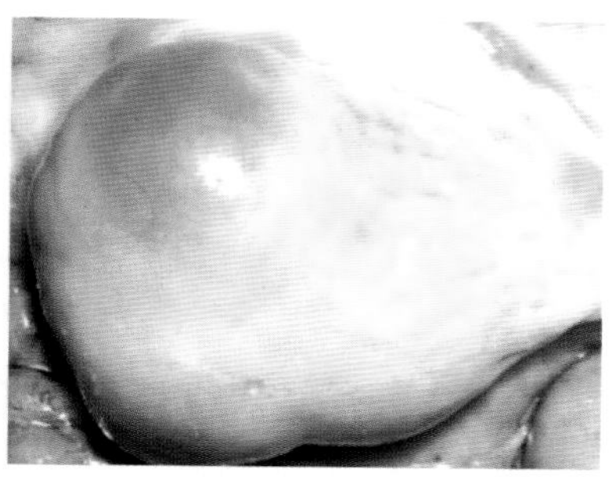

图 3-11 卵泡发育期的卵巢示例图

3.1.4.3 **卵泡成熟期** 优势卵泡体积继续发育到最大，卵泡液充盈整个卵泡，如图 3-12 所示。卵泡成熟期母牛发情行为明显，但有些母牛发情表现可能已开始减弱并进入发情后期。

3.1.4.4 **排卵期** 成熟卵泡破裂而排出卵母细胞，卵巢表面排卵的地方塌陷而形成明显的排卵窝（排卵点），如图 3-13 所示。一般来说，排卵期母牛发情表现相对较弱，有些发情母牛可能拒绝爬跨。

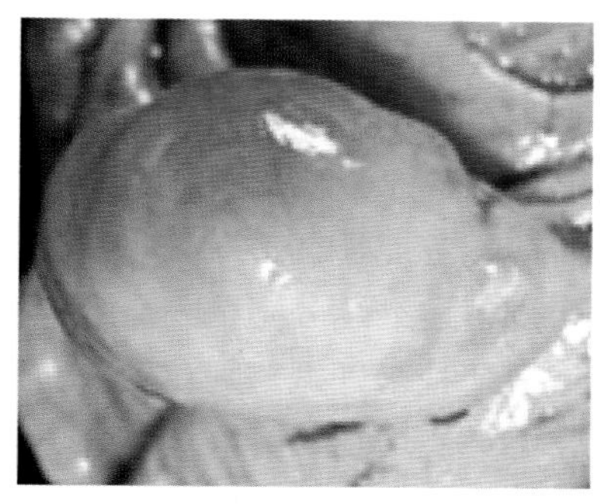

图 3-12 卵泡成熟期示例图

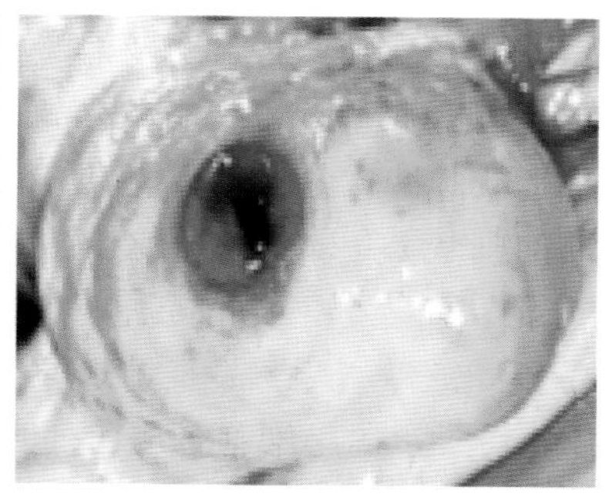

图 3-13 排卵后形成的排卵点示例图

3.1.5 发情周期调节机制

母牛卵巢上卵泡和黄体周期性变化和母牛行为变化受下丘脑-垂体-卵巢生殖轴的反馈调节（图 3-14）。

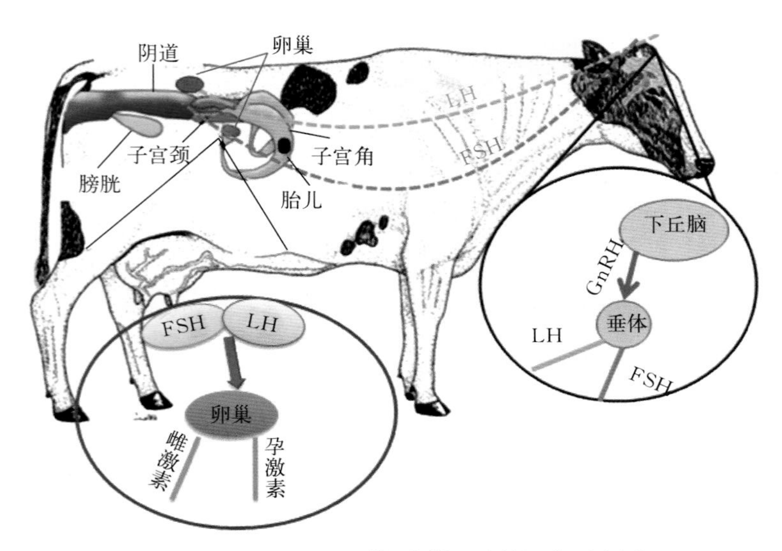

图 3-14　下丘脑-垂体-卵巢生殖轴调节示意图

下丘脑分泌的促性腺激素释放激素（GnRH）促进垂体促卵泡素（FSH）和促黄体素（LH）的合成与分泌。卵泡在 FSH 刺激下，卵泡膜细胞合成和分泌雌激素（主要为雌二醇）增加，而大量雌激素负反馈调节下丘脑减少 GnRH 和垂体减少 FSH 合成与分泌。LH 脉冲式分泌刺激优势卵泡排卵，而排卵后卵泡颗粒细胞在 LH 的刺激下黄体化并分泌孕酮，而孕酮负反馈调节垂体减少 LH 的分泌。如果母牛发情配种并妊娠，则黄体继续分泌孕酮，维持妊娠直至分娩。如果母牛发情未配种或者配种未妊娠，则在发情周期的13 d后子宫内膜细胞合成前列腺素（PG）增加，溶解黄体，孕酮浓度降低，孕酮对下丘脑-垂体的抑制作用解除，下丘脑分泌GnRH 又开始刺激垂体合成和分泌 FSH 与 LH，母牛开始新的发情周期。

3.1.6　影响母牛发情表现的因素

发情行为是母牛在雌激素作用下表现的性行为，不仅受到下丘脑-垂体-卵巢生殖轴分泌激素的反馈调节，而且受到中枢神经系统和体液免疫系统的调节，因此一切可影响内分泌、神经系统和体液免疫系统的因素，都可能影响母牛的发情行为表现。影响奶牛发情行为表现的因素包括母牛因素如品种、体况、生产性能等，营养因素如日粮和维生素，环境因素如牛舍地面、温度和卧床，疾病因素如乳房炎、肢蹄病和生殖道疾病等。具体见图 3-15。

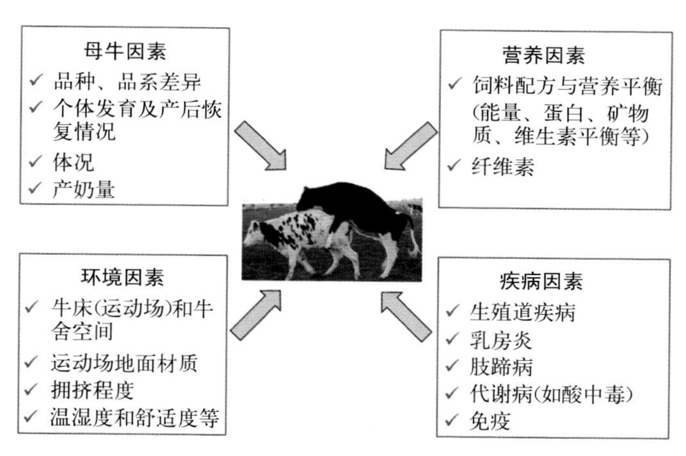

图 3-15 母牛发情周期与发情的影响因素

3.1.6.1 **母牛因素** 不同母牛发情行为表现可能不同，品种、品系、产奶量、体况和生长发育阶段等都可影响母牛的发情表现，如青年母牛的发情表现强度一般高于经产母牛，而高产母牛发情行为强度弱于中、低产母牛（表 3-3），这主要是因为高产奶牛为了产奶，其流经肝脏的血液量和速度都远高于中低产母牛，而雌激素经过肝脏代谢更快，因而高产母牛发情行为强度明显较弱。

表 3-3 不同产奶量对母牛发情的影响

观察项目	高　产	中低产
观察头数	146	177
发情持续时间（h）	6.2±0.5	10.9±0.7
站立接受爬跨次数	6.3±0.4	8.8±0.6
站立接受爬跨持续时间（s）	21.7±1.3	28.2±1.9

3.1.6.2 **环境因素** 不同的饲养模式如放牧和舍饲（散栏饲养和栓系饲喂）、牛舍和运动场地面如水泥等硬地面和土质地面，温度和湿度等环境因素都可能影响母牛发情的行为表现。例如，舍饲时湿滑的水泥地面与放牧土质地面相比，母牛的发情强度明显减弱（表 3－4）。炎热夏季和寒冷冬季母牛的发情行为也明显减弱，而变化剧烈的天气如大风、大雨等极端天气都可能影响母牛发情表现。

表 3－4 饲养模式对母牛发情的影响

观察项目	放牧牛场	封闭牛舍
观察头数	69	69
发情持续时间（h）	13.8±0.6	9.4±0.8
爬跨平均次数	7.0±0.6	3.2±0.3
站立接受爬跨次数	6.3±0.5	2.9±0.3

3.1.6.3 **日粮因素** 饲料日粮营养水平对奶牛繁殖性能具有重要影响，如果营养水平低或营养不平衡，可引起后备母牛初情期和产后泌乳母牛第一次发情时间延迟，甚至可引起泌乳母牛卵巢静止而无发情表现等异常发情状况。而营养过剩造成奶牛过度肥胖，不仅可影响奶牛卵巢机能，也会减弱奶牛的发情表现。

3.1.6.4 **疾病因素** 健康是保证奶牛具有正常繁殖力的前提，疾病对奶牛发情行为具有重要影响。传染性疾病、代谢疾病、乳房炎、生殖道疾病和肢蹄病等都直接或间接影响母牛的发情周期，也影响奶牛发情表现强度，如肢蹄病可严重影响母牛发情时的爬跨和接爬等行为。

3.2 奶牛发情鉴定主要方法

发情鉴定就是通过一定的方法将牛群中发情的母牛找出来。母牛发情鉴定至少应确定两个信息，一是母牛发情的具体时间（接爬开始时间），二是发情行为的表现强度如爬跨、接爬等。母牛发情鉴定方法可分为人工观察方法和辅助发情鉴定方法（如计步器和记号笔尾根涂抹等）。

3.2.1 人工观察法

人工观察法是指通过人为观察发情周期中母牛的行为变化，如爬跨、接爬、外阴部肿胀及黏液状态等来判断母牛是否发情的方法，亦称肉眼观察法。不同时间母牛发情接爬所占的比例见图 3－16。

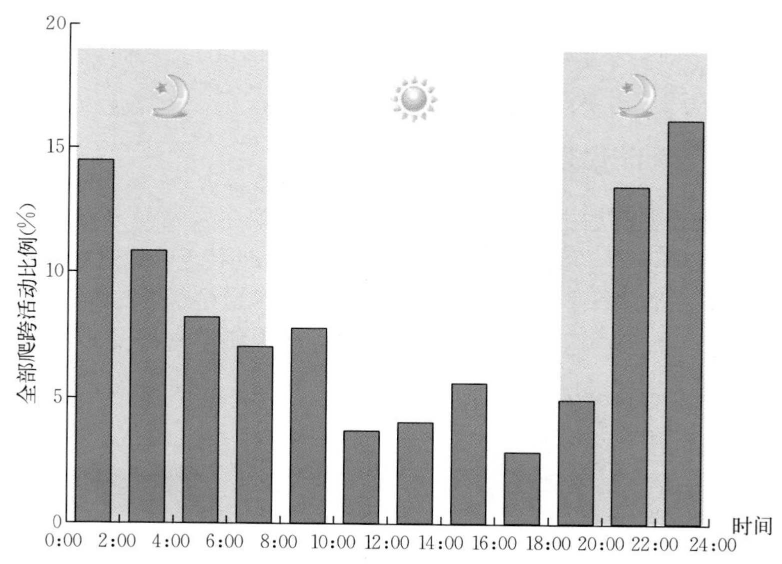

图 3－16 不同时间母牛发情接爬所占比例示意图

3.2.1.1 **人工观察法的具体要求** 牛发情人工观察是传统的奶牛发情鉴定方法，简单、易于操作，不需要借助任何仪器设备，在生产中得到普遍应用。人工观察母牛发情的具体要求见表 3－5。

表 3－5 人工观察法的操作要求

观察项目	操作要求
观察次数	每天早、中、晚观察 3 次
观察时间	可在挤奶后或者饲喂后放牛观察发情，每个牛舍至少观察 30 min 以上
观察人员	主要由配种技术人员承担观察，饲养员应协助观察发情情况
观察记录	记录发情母牛牛号、接爬时间、黏液量和颜色等情况

3.2.1.2　人工观察法的优点与缺点

（1）优点　奶牛发情人工观察法简单、实用、易操作、成本低、不需要任何仪器设备，一般人员稍作培训就能承担此工作，是目前我国奶牛场，尤其是中小规模奶牛场最常用的发情鉴定方法。

（2）缺点　需要安排专门人员观察发情，耗时耗力，同时人工观察法检出率较低，一般只有50%～70%，这主要是因为母牛发情接爬行为主要发生在夜间（晚6:00到早6:00），从而影响人工观察发情的检出率。

3.2.2　活动量监测法

活动量监测法主要用于奶牛场，是根据奶牛发情时兴奋、追逐和爬跨其他母牛，从而运动量比平时显著增加的特点，通过射频和现代计算技术监测母牛的活动量，根据活动量判断母牛是否发情。

3.2.2.1　计步器活动量监测法　目前生产中奶牛常用计步器可分为蹄部计步器和颈部计步器两种（图3-17）。计步器内含智能芯

a　　　　b

图3-17　奶牛常用计步器示例图

a. 蹄部计步器　b. 颈部计步器

片，实时监测母牛的活动情况，并与牧场管理软件相关联，可统计每头母牛每天的活动量，当母牛活动量增加到一定数值时，管理软件自动提示该母牛可能发情。

3.2.2.2 活动量监测法的优点与缺点

（1）优点 计步器监测奶牛发情具有智能化、自动化和信息化的特征，节省劳力，发情检出率高（95%以上）。

（2）缺点 需要专门的设备和管理软件，成本较高；活动量监测母牛发情并不能准确判断母牛发情所处的具体阶段；不能排除妊娠母牛假发情现象，因而存在假阳性现象。

3.2.3 尾根涂抹法

尾根涂抹法观察发情是根据发情奶牛接爬或爬跨其他母牛的特点，通过母牛尾根涂抹的有色染料被蹭磨情况来监测其是否发情的方法，如图 3－18 所示。涂抹母牛尾根部可用不同颜色的蜡笔，如图 3－19 所示。

a

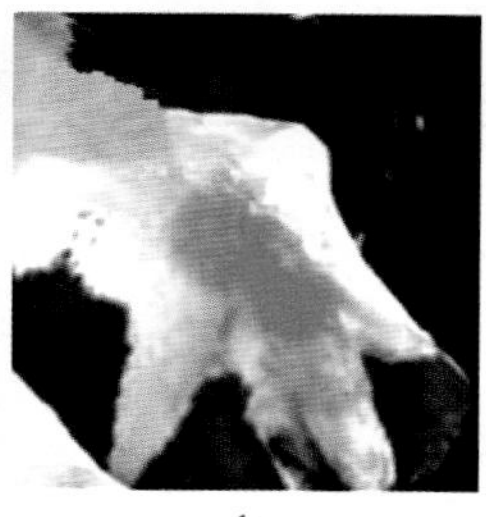

b

图 3－18 爬跨母牛颈垂留下的红色染料（a）和发情的母牛接受爬跨红色染料部分被蹭掉（b）

图 3－19 常用尾根涂抹用的不同颜色蜡笔

3.2.3.1 尾根涂抹法操作要点 尾根涂抹法的操作要点见表 3－7。

表 3-7　尾根涂抹法操作要点

项　　目	操作要点
涂抹站位	操作人员侧身站在牛的侧面，保持一定距离，防止被踢
涂抹部位	脊柱尾根背侧（图 3-20）
涂抹长度	15～18 cm，不要超过 20 cm
涂抹宽度	3～4 cm，不要超过 5 cm
涂抹厚度	保证涂抹处尾毛和皮肤上均染有颜色，但应注意保持毛发清晰可见
涂抹颜色	选择红、蓝、绿、黄等鲜亮颜色 不同栏舍牛可选用不同颜色，便于区分（图 3-21）

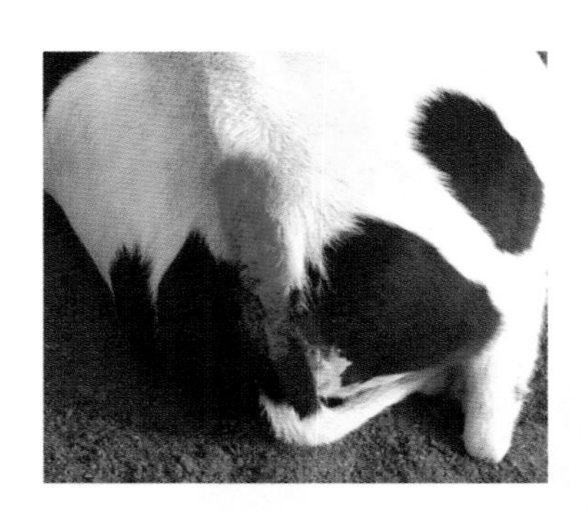

图 3-20　尾根涂抹部位、长度和宽度示例图

图 3-21　不同颜色的奶牛代表不同处理组示例图

3.2.3.2 尾根涂抹法观察发情要点 尾根涂抹法是根据母牛尾根涂抹有色染料被蹭磨情况来观察其是否发情，因此观察母牛尾根涂抹的染料残留情况，就可以判定母牛被爬跨情况，从而判断母牛是否发情。

尾根涂抹法观察母牛发情要点如下：

（1）接爬 尾毛被压，染料被蹭掉或颜色明显变浅（极少部分残留，如图 3－22a 和 b）。

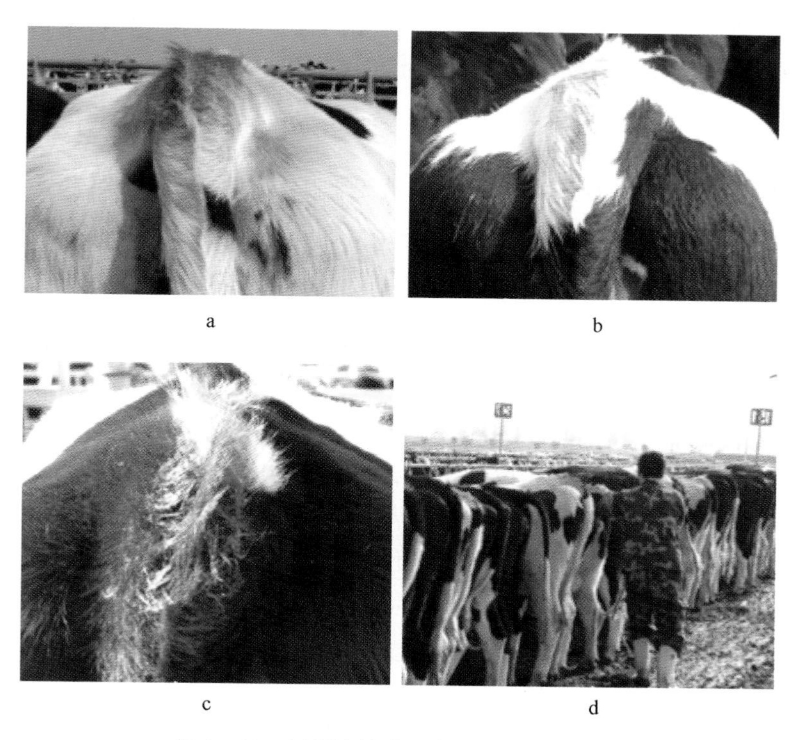

图 3－22 尾根涂抹法观察母牛发情示例图

a. 刚开始接爬 b. 接爬一段时间 c. 疑似被舔牛只 d. 可疑牛只通过直肠触诊确定

（2）未接爬 尾毛保持直立，染料颜色仍然鲜艳或略变浅（略有褪色，而大部分染料仍明显可见）。

（3）被舔舐　有被舔痕迹，尾毛倒向一侧，其他部分颜色不变（图 3－22c）。

如果母牛尾根涂抹染料被蹭掉一部分疑似发情的，则可采用直肠检查卵泡发育情况进一步确定，如图 3－22d。

3.2.3.3　尾根涂抹法观察发情的优点与缺点

（1）优点　操作简便、容易掌握，不需要进行专业培训；可大批量处理，发情检出率高。

（2）缺点　需要定期涂抹染料（蜡笔），增加了工作量；无法准确判断母牛的具体发情开始时间，容易出现假阳性；疑似发情牛需要借助直肠检查法确诊，也会增加工作量。

3.2.4　其他方法

在规模奶牛养殖场的实际繁殖工作中，直肠检查和 B 超检查可作为观察奶牛发情的辅助方法。

3.2.4.1　直肠检查法　直肠检查法是根据发情周期中母牛卵巢卵泡和黄体发育规律，通过直肠触诊检查卵巢卵泡发育状态从而判断母牛是否发情的办法。直肠检查时可触诊两侧卵巢上卵泡发育大小、质地和卵泡液量的多少，并结合母牛行为和生殖道分泌黏液的变化，确定母牛是否发情以及发情的大概时间阶段。

直肠检查法不需要仪器设备，可直接了解卵泡发育阶段和大小；可检查产后母牛的子宫恢复情况，并有助于甄别子宫疾患；可鉴别的卵巢疾患有卵巢静止、卵泡囊肿、黄体囊肿等；可检查出妊娠牛假发情的现象。

直肠检查法要求操作人员有一定的直肠把握经验和对母牛不同发情阶段卵巢卵泡发育及其形态学结构有较深入的了解。直肠检查时，有时卵泡与黄体容易混淆。同时，直肠检查增加了繁殖技术人员的工作量，如果操作不当，可造成卵巢、输卵管粘连等。

3.2.4.2　B 超检查法　B 超检查法就是利用 B 超仪通过直肠检查卵巢卵泡发育情况，从而判断母牛是否发情的方法。目前许多规模牛场配备了兽用 B 超仪（图 3－23），越来越多的繁殖技术习惯于采用B超仪检查奶牛卵泡发育、子宫恢复、子宫炎症以及妊娠检查（图3-24）。

图3-23 兽用B超示例图

图3-24 B超检查操作示例图

（1）B超检查工作原理

B超检查是根据卵巢不同组织反射声波的差异，以回声形式在显示屏上形成明暗不同的光点，从而判断卵泡发育阶段、大小以及黄体结构和大小等，如图3-25所示。

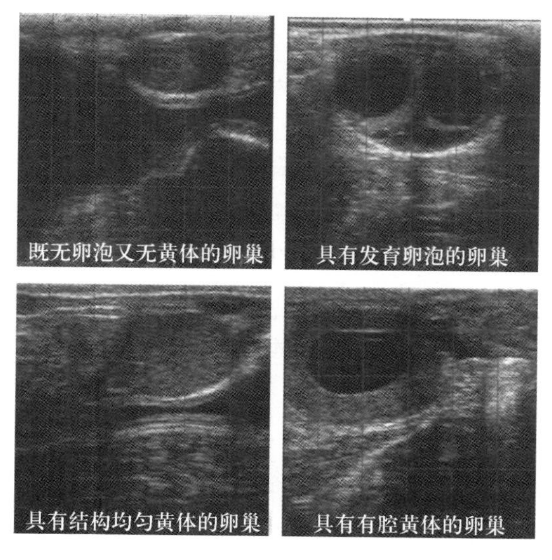

图3-25 B超检查卵巢结构图示意图

如何利用 **B** 超判定卵泡和黄体？

1. 卵泡反射声波少，图像呈现较黑颜色。
2. 卵巢实质和黄体反射声波多，图像呈现较白颜色。

（2）B 超检查发情的操作步骤

① 清除直肠内粪便。

② 手握指型探头深入直肠深部，找到子宫位置，将探头反射面紧贴直肠壁，沿着一侧子宫角找到卵巢，转动探头，检查卵巢不同侧面的卵泡发育等情况。

③ 按照同样方法检查另外一侧卵巢状态。

B 超检查母牛发情的操作要点与人员要求见表 3－6。

表 3－6　B 超检查发情操作要点

序号	内　容
1	操作人员应具有熟练的直肠检查和人工授精基础，能熟练、快速找到子宫、卵巢的位置
2	操作人员能熟练应用 B 超仪，应能根据显示出来的图像准确判断所探测到的卵泡、黄体等结构
3	操作应缓慢，避免损伤母牛直肠
4	一头母牛检查完毕，在检查下一头母牛之前，应保存卵巢图像
5	使用完毕，应及时清洗探头，并保存于干燥、阴凉的环境下

（3）B 超检查法优点与缺点

① 优点　B 超检查法能非常直观、准确地检测出卵巢上卵泡和黄体结构及子宫状态；可根据卵泡大小确定适宜的输精时间；可检查出妊娠牛假发情现象；能检查出卵巢和子宫疾患（图 3－26 和图 3－27）。

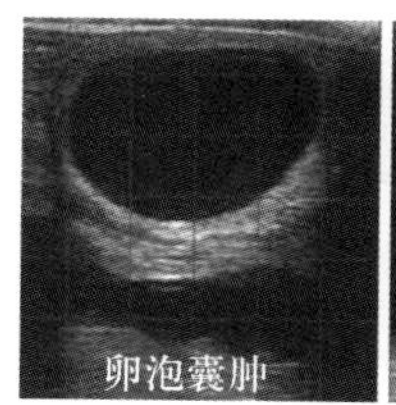

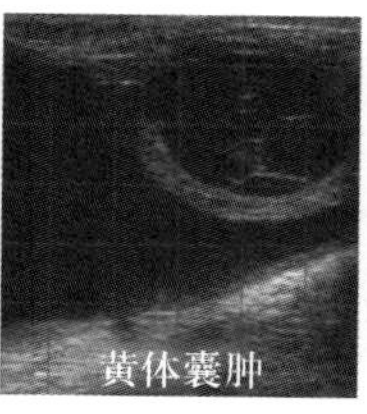

图 3-26 卵巢囊肿 B 超检查示意图

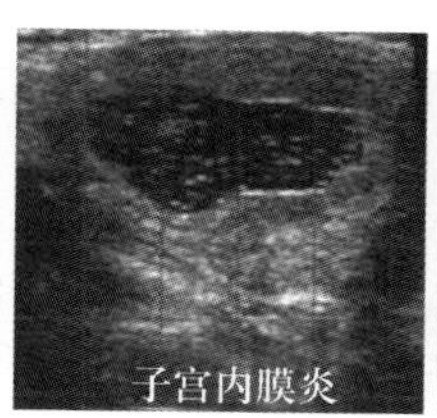

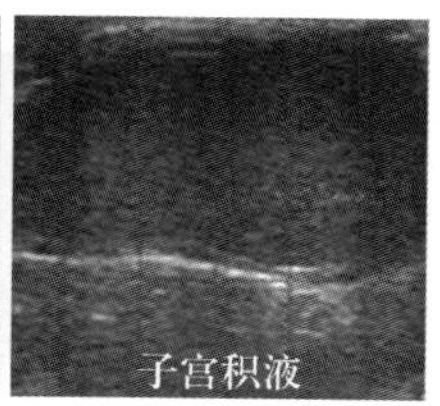

图 3-27 子宫疾患 B 超检查示意图

② 缺点 需要专门的 B 超仪，成本较高；操作人员需要专门的技术培训和直肠检查基础；费时、费力。

3.3 影响发情鉴定检出率的因素

母牛的行为变化和卵巢卵泡发育状态是鉴定母牛发情的基础。因此，牛群情况、环境和发情鉴定方法等都可影响母牛发情检出率。

3.3.1 发情鉴定方法

不同发情鉴定方法的母牛发情检出率不同。目前，规模牛场计步器和尾根涂抹的发情检出率相对较高，可到 90%以上。人工观察发情受观察时间、次数、发情牛接爬行为以及人员的责任心等影响，发情检出率相对较低，若每天观察 2 次，则发情检出率低于 80%（表 3-7）。

表 3-7 发情观察频次对发情检出率的影响

观察次数	观察时间	发情检出率（%）
2	6:20、18:00	69
2	8:00、16:00	54
2	8:00、18:00	58
2	8:00、20:00	65
3	8:00、14:00、20:00	73
3	6:00、14:00、22:00	83

（续）

观察次数	观察时间	发情检出率（%）
4	8:00、12:00、16:00、22:00	80
4	6:00、12:00、16:00、20:00	86
4	8:00、12:00、16:00、20:00	75
5	6:00、10:00、14:00、18:00、22:00	91

因此，规模牛场可综合运用几种发情观察方法，以提高母牛发情检出率。

3.3.2 母牛因素

有些母牛发情行为表现较弱，甚至静默发情，如泌乳母牛产后第一次发情排卵常常没有发情表现（如接爬和爬跨）。同时，母牛体况、产奶性能、疾病等都可能影响母牛发情行为的表现强度，从而影响母牛发情检出率。

3.3.3 环境因素

母牛发情行为受环境影响较大。牛舍运动场地面、突变气候（如大风、大雨、大雪）、炎热等都可能影响发情母牛行为的表现强度，甚至临时改变母牛环境（如调群）等也可能影响母牛发情行为。

思考与练习题

1. 简述发情鉴定的意义。
2. 如何划分母牛的发情周期？
3. 母牛发情周期中各个阶段的主要特征是什么？
4. 简述卵泡发育波。
5. 简述黄体的形成过程。
6. 发情期母牛有哪些明显变化？
7. 影响母牛发情的因素包括哪些？
8. 简述母牛发情的主要鉴定方法及其优缺点。

人　工　授　精

［简介］人工授精是我国奶牛和肉牛配种的最主要方法。本章介绍了人工授精技术的基本概念与原理，重点介绍了母牛人工输精方法和过程。

4.1　概念与原理

自20世纪50年代牛精液冷冻保存成功后，人工授精技术成为全世界牛，特别是奶牛配种繁殖后代的最主要方法，对牛遗传物质在世界范围内扩散和提高优秀种公牛的利用效率起到了极大地促进作用。

4.1.1　概念

牛人工授精技术，就是利用一定的器械采集公牛精液，精液在体外经过一定的处理（如活力和密度检查、稀释、冷冻）后，利用一定的器械人工将精液输入到发情母牛生殖道内，从而使母牛妊娠的一种配种方法。牛人工授精技术包括两个主要技术环节：精液制作和人工输精。我们奶牛场常说的人工授精技术，一般就是指人工输精。

4.1.2　原理

牛人工授精技术的原理是：第一，利用一定的器械（如假阴道）可以采集到牛（包括其他家畜）附睾内的精液；第二，人工采集的精液在体外经过一定的处理（如稀释、冷冻）后具有受精能力；

第三，精液输入到发情母牛生殖道一定部位后可使母牛受精并妊娠。

所以，人工授精技术包括两个方面：一是精液采集与冷冻，目前我国牛冷冻精液主要由专业公司（种公牛站）完成；二是输精，我们养牛生产中常常说的人工授精，其实就是配种技术人员进行的人工输精过程。

4.1.3 牛人工授精技术的优点与缺点

4.1.3.1 优点

（1）极大地提高了优秀种公牛精液使用效率和范围。与自然交配方式相比较，人工授精技术可使公牛配种效率提高几千倍，甚至上万倍，从而极大地提高了优秀种公牛的利用效率。同时，由于冷冻精液的广泛应用，促进了优秀公牛精液在全世界范围流通和使用。

（2）能够克服种公牛生命时间的限制，有利于优良品种资源的保存与有效合理利用。

（3）避免了自然交配时公牛和母牛生殖器官直接接触可能引起的某些疾病感染与传播。

（4）可以通过发情鉴定准确掌握输精时间，可把精液直接输到子宫角内，从而提高情期受胎率。

（5）克服某些母牛生殖道异常不易受孕的困难。

（6）使用分离性别控制精液人工输精可显著提高繁殖母犊的效率（母犊率90%以上）。

4.1.3.2 缺点

（1）大量优秀种公牛精液的使用，减少了牛的遗传多样性，而携带有遗传缺陷基因（如脊椎畸形综合症）的优秀种公牛精液的大量使用，增加了牛群患遗传缺陷疾病的风险。

（2）目前，公牛饲养和冷冻精液制作一般是由专门的公牛站承担，需要专门的设施和设备，而母牛人工输精也需要专门培训的输精技术人员和设备，增加了生产和人员成本。

（3）人工输精要求技术人员了解母牛繁殖生殖道结构和进行发情观察。人工输精过程中的消毒不严格可造成母牛生殖道感染，而输精过程损伤母牛生殖道（子宫颈口、子宫等）会降低母牛人工授精配种的受胎率。

4.2 牛精液制作

4.2.1 冷冻精液的制作

牛精液制作（冷冻）是指采集公牛精液，经过一系列处理制作成一定剂型的牛精液产品。目前，牛精液制作主要由专业的公司（企业）生产，提供的精液产品主要为冷冻精液（液氮保存）。

图 4－1 为种公牛站采集荷斯坦公牛精液和为此制作的 0.25 mL细管冷冻精液。

a

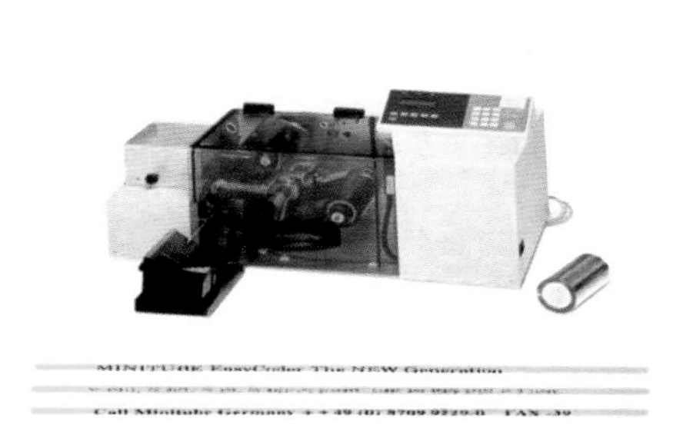

b

图 4－1　种公牛站制作冷冻精液精液灌装机和 0.25 mL 细管精液

a. 公牛精液采集　b. 精液灌装机和 0.25 mL 细管精液冷冻

4.2.2 牛冷冻精液剂型

目前，牛人工授精生产的精液主要是超低温保存的冷冻精液。过去生产上曾经使用过颗粒冷冻精液，但是目前生产上主要是细管冷冻精液，包括 0.5 mL 和 0.25 mL 细管精液（图 4－2），中国、美国和加拿大等国家生产的牛冷冻精液剂型主要为 0.25 mL 细管，欧洲一些国家如意大利、德国等生产的牛冷冻精液剂型主要为 0.5 mL 细管。

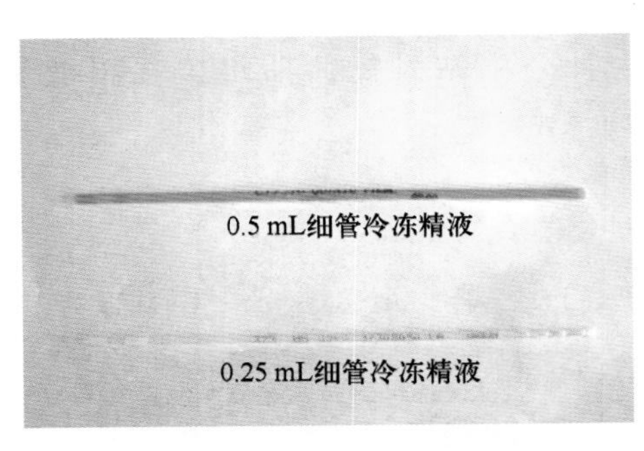

图 4－2　0.25 mL 和 0.5 mL 细管冷冻精液

小贴士

选择公牛精液应注意什么？

奶牛场在选择配种公牛精液时除了要注重公牛遗传品质外，还应注意以下事项。

1. 不同公牛冷冻精液的受胎率可能存在差异，因而应选择受胎率高的公牛精液。

2. 不同公牛站生产的冷冻精液人工授精受胎率可能存在差异，因而应选择合格的公牛精液产品。

3. 冷冻精液保存与运输过程应确保不降低冷冻精液的质量。

4.3 牛冷冻精液的保存

虽然牛人工授精过去也曾经使用过常温保存（25 ℃）或者低温保存（0～4 ℃）的精液人工输精，但是人工授精技术在生产中真正得到广泛应用，还是在牛精液超低温（−196 ℃）冷冻保存成功以后。牛精液超低温冷冻保存是指以液氮（−196 ℃）为冷源，冷冻和保存牛精液的方法。牛冷冻精液生产后主要保存在液氮罐中，如图 4－3 所示。

图 4－3　不同的冷冻精液保存液氮罐

小贴士

牛场保存牛冷冻精液保存应注意哪些问题？

为了使用方便，奶牛场一般都需要提前采购和保存一定数量的冷冻精液，因此牛场保存和取用牛冷冻精液时应特别注意以下问题。

1. 冷冻精液应保存在保温效果良好的液氮罐中，并保证所有精液浸在液氮中。因此，应每周1次检查液氮罐，并及时添加液氮。添加液氮的频率和数量取决于保存精液液氮罐的容积、液氮罐的质量和罐内储存精液的数量等。建议牛场使用30 L的液氮罐保存精液。

2. 移动和运输液氮罐时应轻拿轻放，不得倾斜，以免液氮溢出。

3. 液氮罐应放在阴凉避光处，避免阳光直射和接触挥发性气体。

4. 提取冷冻精液时精液在液氮罐口的空气中停留时间越短越好，最长时间不得超过10 s。

4.4 人工输精过程

人工输精就是人工授精技术人员利用一定的设备（如输精枪）将精液输到发情母牛生殖道的过程。奶牛场常说的人工授精技术其实就是人工输精技术。目前，牛人工输精最常用的方法是直肠把握输精法，即配种技术人员一只手通过母牛直肠把握固定子宫颈，另一只手操作输精枪分别通过阴道和子宫颈口，到达子宫颈或子宫角一定的部位，然后将精液推到该部位，从而使发情母牛受精、妊娠。牛直肠把握输精方法见图4-4。

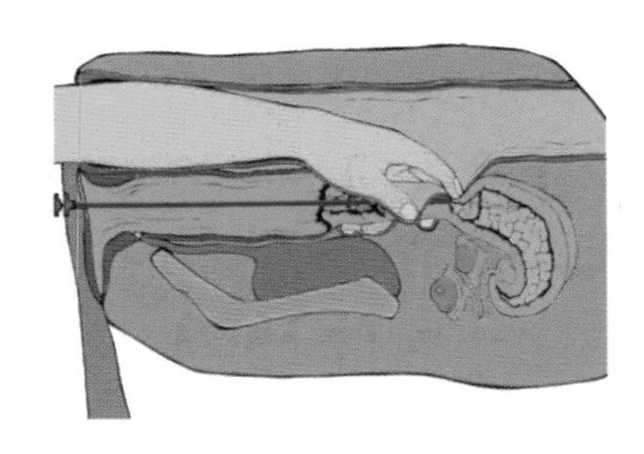

图4-4 牛直肠把握输精示意图

4.4.1 人工输精前的准备

4.4.1.1 **输精器械的准备** 牛人工输精器械有输精枪（包括0.25 mL细管、0.5 mL细管和通用输精枪3种规格，图4-5）、消毒输精外套管（图4-6）、直肠检查塑料长臂手套（图4-7）、镊子和剪刀（图4-8）。

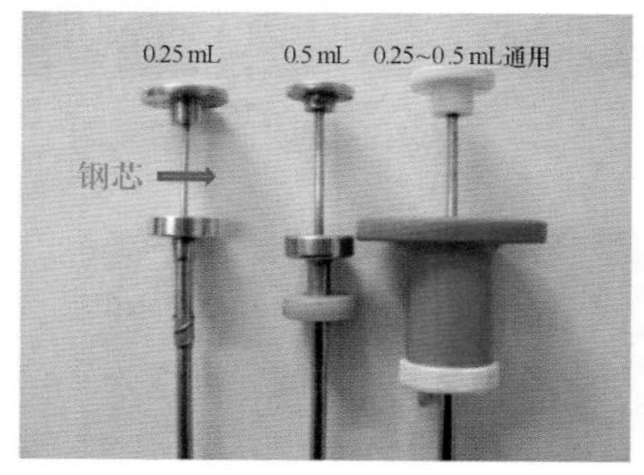

图4-5 各种规格输精器示例图

图4-6 牛用输精外套管示例图

图4-7 一次性塑料长臂手套示例图

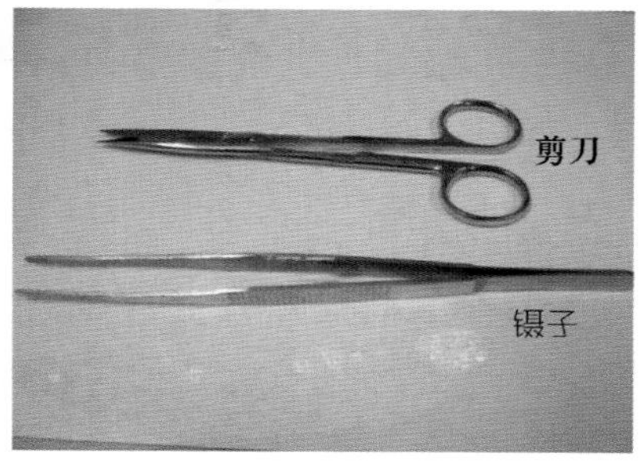

图4-8 剪刀与镊子示例图

4.4.1.2 **发情母牛保定与消毒** 发情母牛可在食槽颈枷内保定，也可保定在挤奶厅的专门保定架内。如图4-9所示，发情母牛就保定在颈枷内。

清理母牛直肠内粪便，用卫生纸擦拭母牛外阴（图4-10）。如果母牛外阴较脏，特别是泌乳母牛粪便较稀时，可使用0.01%～0.05%（*W*/*V*）的高锰酸钾水清洗消毒母牛外阴。

图 4－9　发情母牛的保定示例图

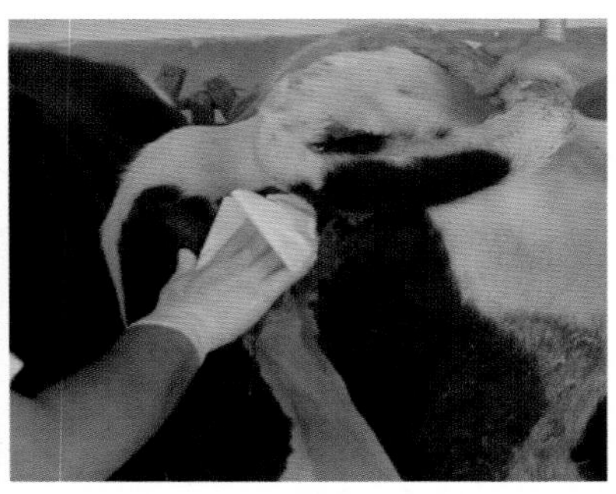

图 4－10　母牛外阴消毒示例图

4.4.1.3　输精技术人员的准备　奶牛人工输精时要求输精技术人员必须穿戴工作服，双手指甲应剪短并磨光，进入直肠的手臂佩戴一次性长臂手套，另一只手可戴一次性乳胶手套，如图 4－11 所示。

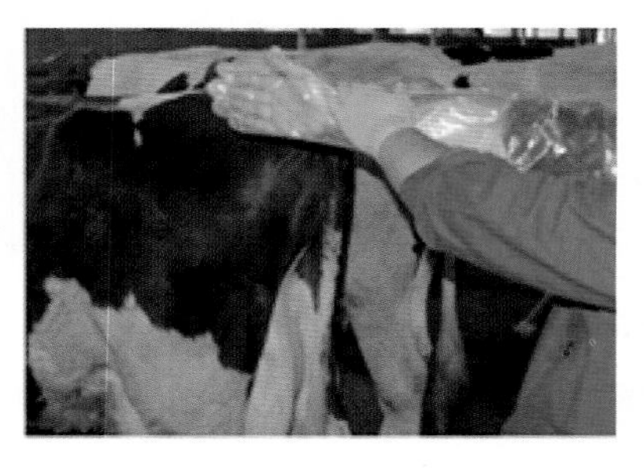

图 4－11　输精前技术人员的准备示例图

人工输精时如何保护配种技术人员？

1. 配种技术人员应穿戴工作服和长臂手套，以预防传染人畜共患病如布鲁氏菌病。

2. 预防母牛踢伤配种人员下半身或扭伤直肠内的手臂。

3. 双手指甲剪短并磨光，以避免操作过程损伤母牛直肠和配种技术人员。

4.4.1.4　冷冻精液的解冻　目前，奶牛场人工输精使用的精液为冷冻细管精液，保存在液氮罐中，因而输精前需要解冻精液。首

先，用长柄镊子从液氮罐中迅速取出需要使用的公牛冷冻细管精液，并立即将剩余精液细管放回液氮罐内；取出的冷冻细管精液迅速放入 37～38 ℃温水中解冻 10 s 后取出。冷冻细管精液具体解冻过程见图 4－12。

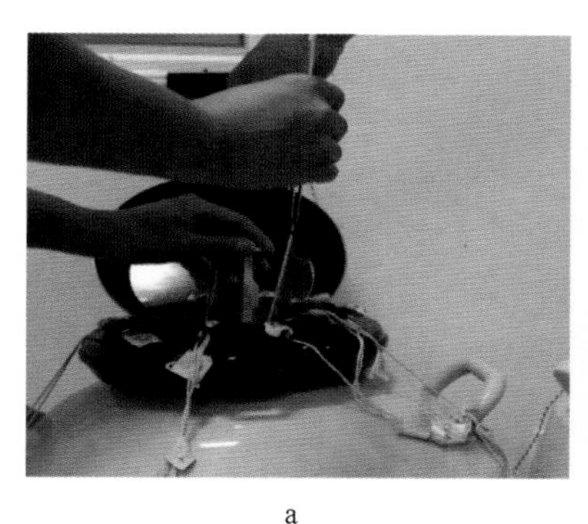

a

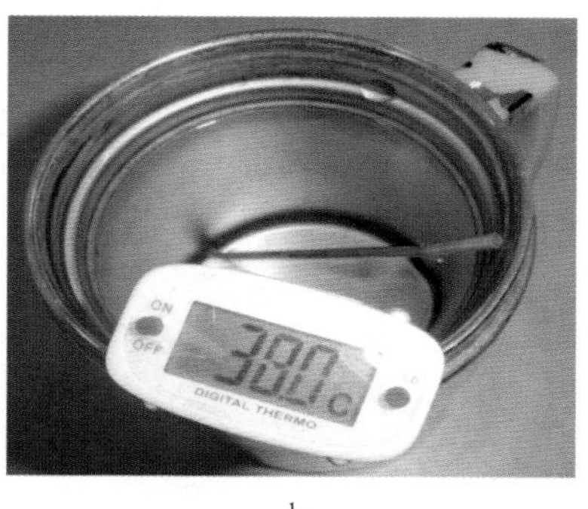

b

图 4－12 牛冷冻细管精液解冻过程

a. 从液氮罐中取出精液示例图 b. 精液放入水浴中解冻示例图

解冻牛冷冻精液应注意什么问题？

1. 每次提取精液时，提筒上缘不能超过液氮罐口，时间不应超过 5 s。因此，可将公牛精液分装在不同的铝制指形精液储存管内，并在顶端写清楚公牛号，以便技术人员可以很快找到需要的公牛精液和迅速取出冷冻精液细管。

2. 解冻时每次提取 1 支细管精液。如果配种母牛多，需要解冻较多精液时，也应每次提取一支精液。如果一次解冻不同公牛的精液，则必须记清楚公牛号和输精母牛号。

3. 解冻精液水浴温度范围虽然不需要特别严格，但是应控制在 37～38 ℃范围内。

4.4.1.5　精液细管装枪

（1）解冻后，取出精液并用消毒卫生纸擦干细管外壁水分，如图 4－13 所示。

（2）用细管剪（或剪刀）距细管封口前端 1.2～1.5 cm 处剪去封口，如图 4－14 所示。

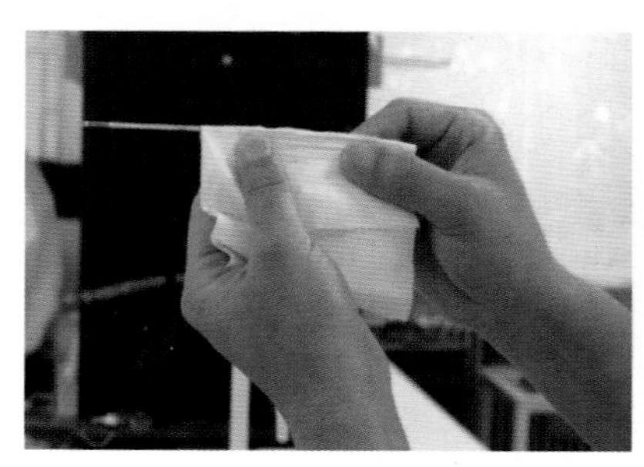

图 4－13　卫生纸擦干细管精液外壁水分示例图

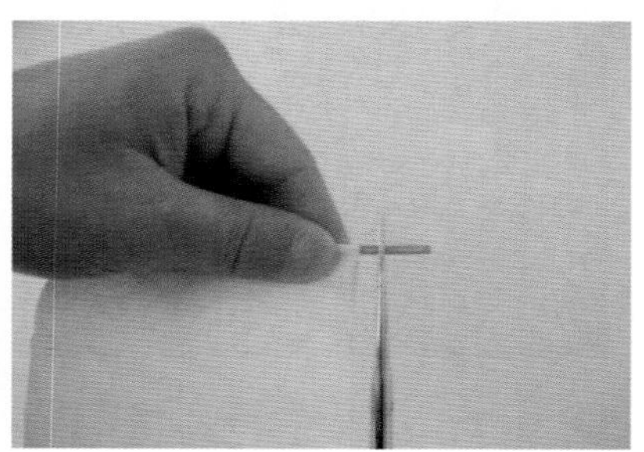

图 4－14　剪开精液细管封口端示例图

小贴士

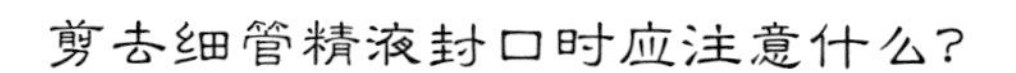

目前，牛冷冻精液细管一端是棉塞封口，另一端是热封口，因此解冻后应剪去热封口端，此时应注意以下事项。

1. 细管剪（或剪刀）应用酒精灯火焰或者 75%酒精消毒，防止细管口污染。

2. 细管剪口应整齐并应保证与输精外套管前端匹配紧密。

（3）将精液细管（棉塞端）平行装入输精枪中，如图 4－15 所示。

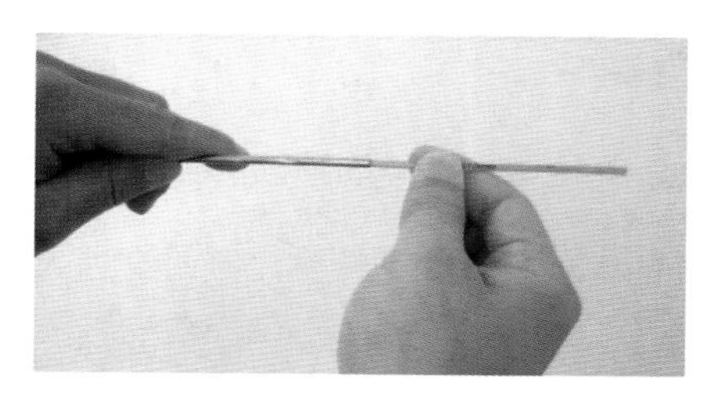

图 4-15　细管精液装入输精枪内示例图

细管精液装入输精枪应注意什么？

1. 选择合适型号的输精枪。
2. 装枪前应把输精枪钢芯退到比细管稍长的位置。
3. 避免接触细管剪口（精液流出口），防止污染。
4. 细管棉塞端管口应圆通，保证输精枪钢芯能顺利进入细管。

（4）将装有精液细管的输精枪装入输精外套管内，如图 4-16 所示。

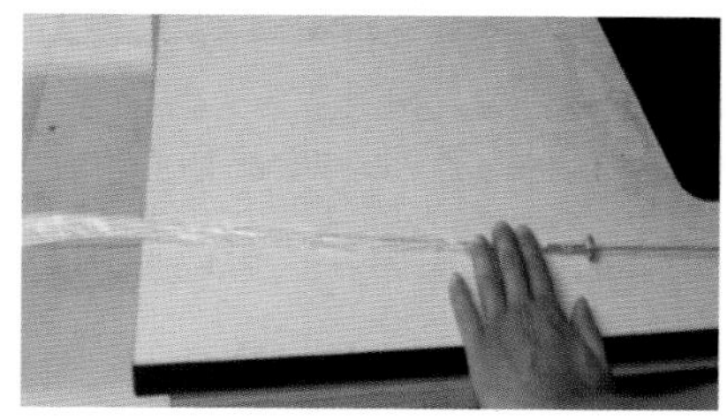

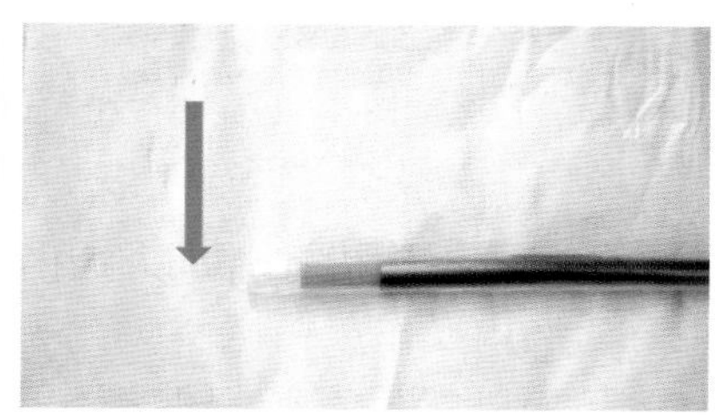

图 4-16　输精枪装入塑料外套管内示例图

输精枪装入外套管应注意什么?

1. 输精外套管为消毒硬塑料管，因此在进入母牛生殖道前应避免任何污染。

2. 细管精液前端（剪口端）应与输精外套管紧密连接，防止精液推出后回流到输精外套管内。

4.4.2 输精

4.4.2.1 **母牛生殖道特点** 目前，奶牛场普遍使用直肠把握输精法进行奶牛的人工授精，因此直肠把握输精技术人员应熟悉母牛生殖道的结构。母牛生殖道主要组成与子宫颈外口结构见图 4－17。

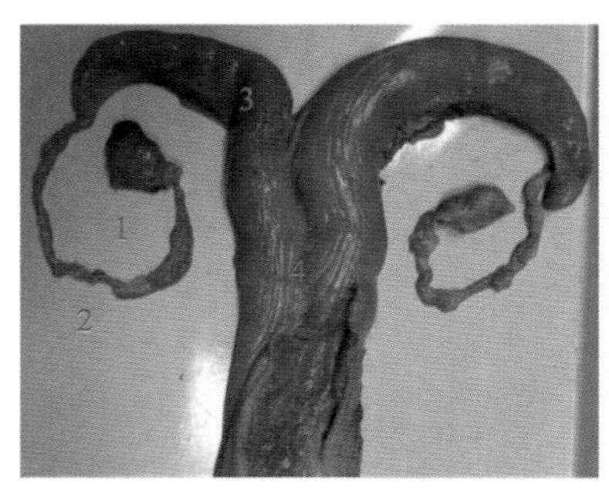

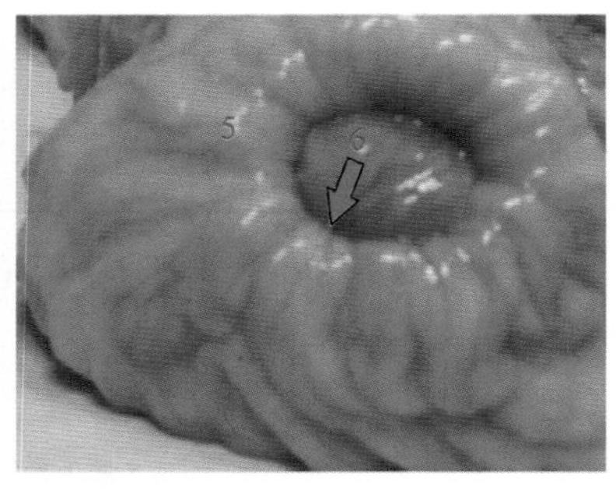

图 4－17 母牛生殖道与子宫颈外口示例图

1. 卵巢 2. 输卵管 3. 子宫角 4. 子宫体 5. 子宫颈外口 6. 子宫颈-阴道穹窿

直肠把握输精时既可以使用左手在直肠内操作，也可以使用右手在直肠内操作。

下面以左手直肠把握操作为例，说明人工输精的具体操作过程。

4.4.2.2 **插入输精枪** 输精人员右手拎起母牛尾巴下端将尾根抬

起，左手五指并拢成锥形缓缓插入母牛直肠（可事先用水或者稀牛粪浸湿手套），也可由助手帮助操作者向右边固定母牛尾巴（图4－18）。

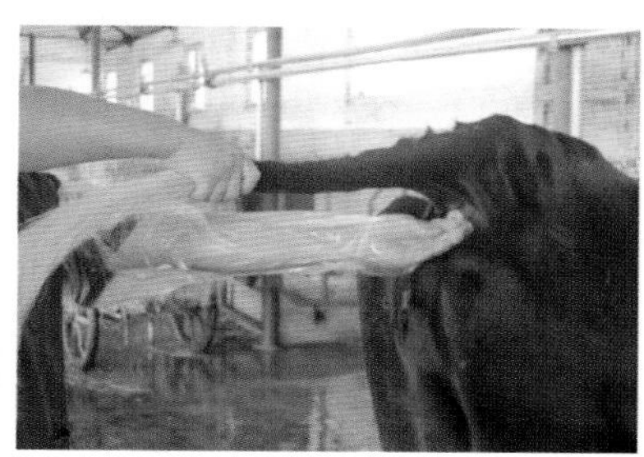

图4－18　固定牛尾和左手进入肛门示例图

左手四指在直肠里面向后、向上提拉母牛会阴部，同时左手大拇指在外向右分开阴门（后视，图4－19），右手持输精枪，由阴门斜向上约45°缓缓将输精枪插入母牛阴道，进入阴道外口后水平插至子宫颈口。同时左手重新进入直肠内，隔着直肠壁，手心向下和右侧握住子宫颈外口（图4－20），并将输精枪插入子宫颈外口（图4－21）。

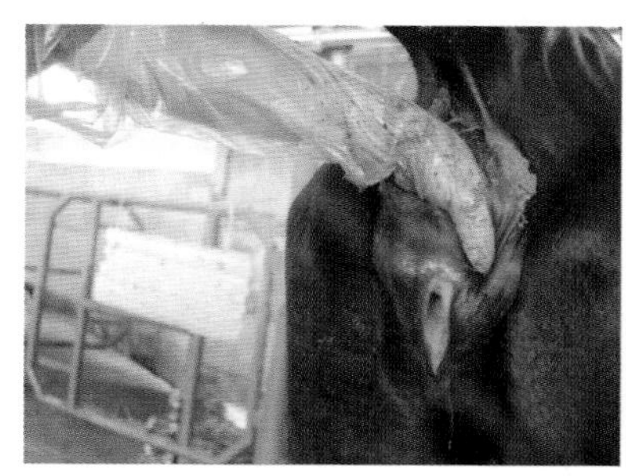

图4－19　人工授精人员通过直肠（肛门）分开阴门示例图

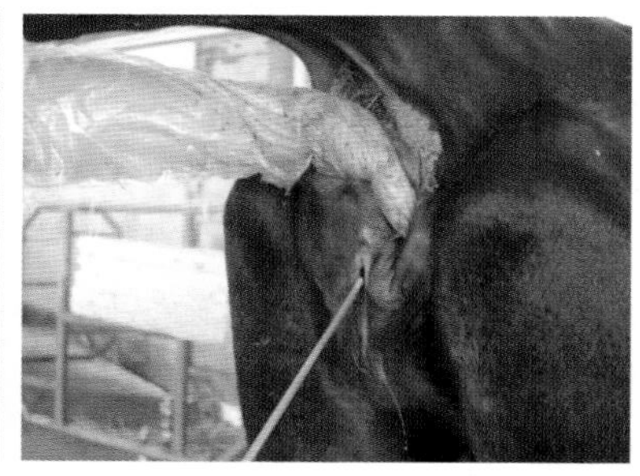

图4－20　输精枪35°～45°通过阴门进入阴道示例图

也可由助手（或饲养员）协助分开阴门，然后输精人员将输精枪插入母牛阴道，到达子宫颈口，如图4－22所示。

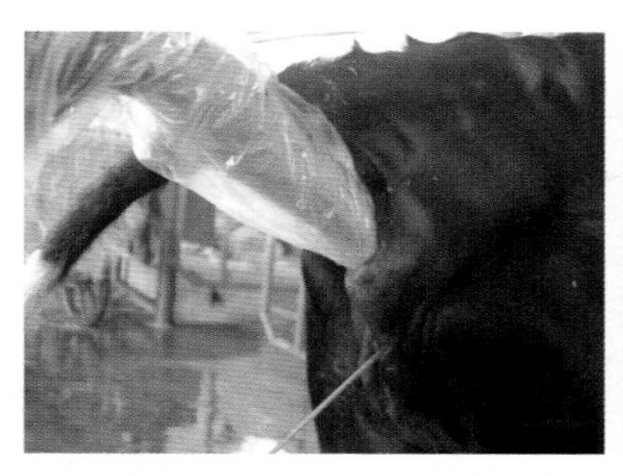

图 4－21　将输精枪插入到子宫颈外口示例图

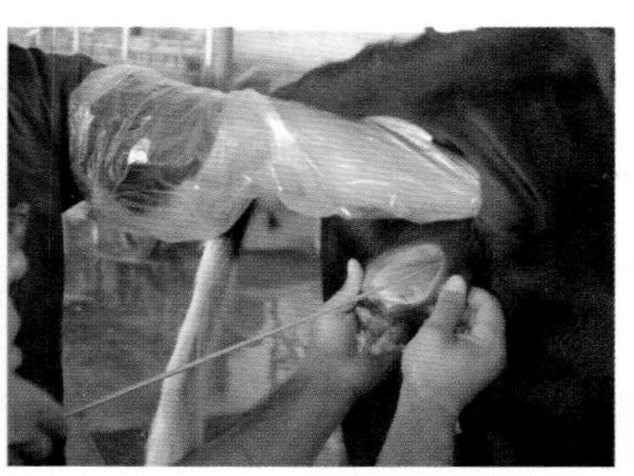

图 4－22　助手协助将输精枪进入阴道示例图

4.4.2.3　**输精枪通过子宫颈**　输精枪到达子宫颈外口后，操作人员左、右手相互配合，使输精枪通过子宫颈（图 4－23）和子宫体（图 4－24）。左手手指可通过直肠壁确定输精枪前端在子宫内具体位置（图 4－25）。

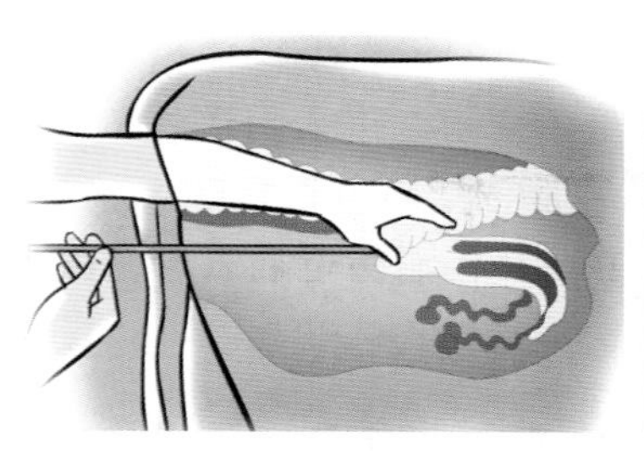

图 4－23　输精枪前端到达子宫颈外口示意图（剖面图）

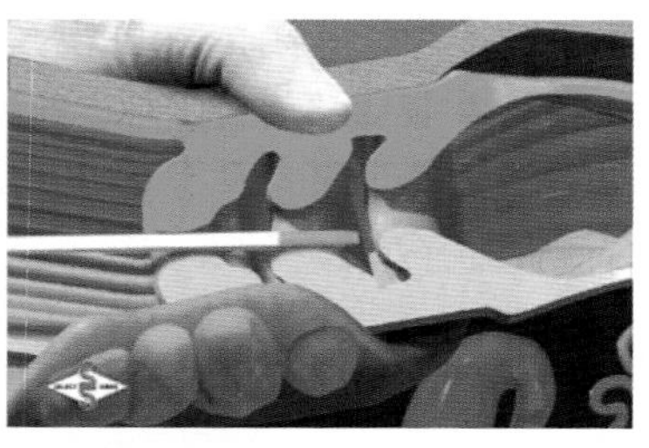

图 4－24　输精枪通过子宫颈口和子宫体，到达子宫体前端示意图（剖面图）

4.4.2.4　**推出精液**　确认输精器已进入子宫体分叉处时，输精枪应向后稍退出一点（子宫体前端）（图 4－26a），向前推动输精枪钢芯，缓慢推出精液，使精液分别流向两个子宫角（图 4－26b）。

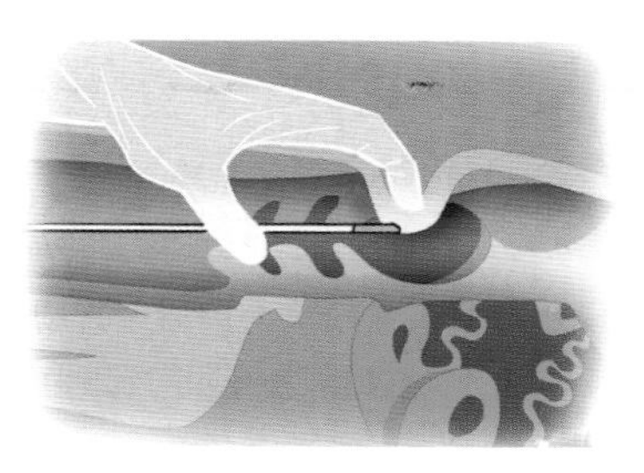

图 4－25　直肠内左手手指确定输精枪在子宫内具体位置示意图

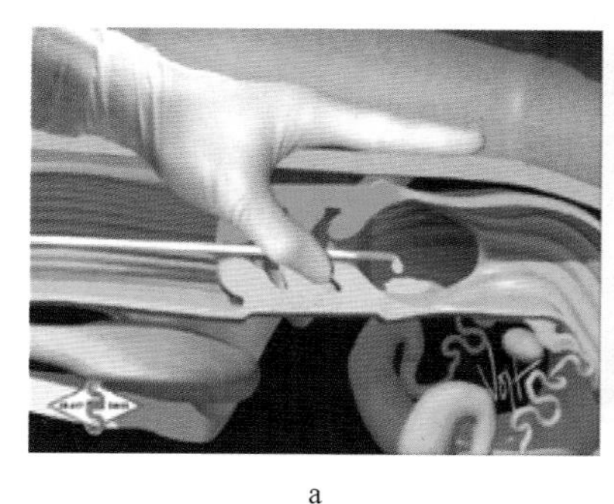

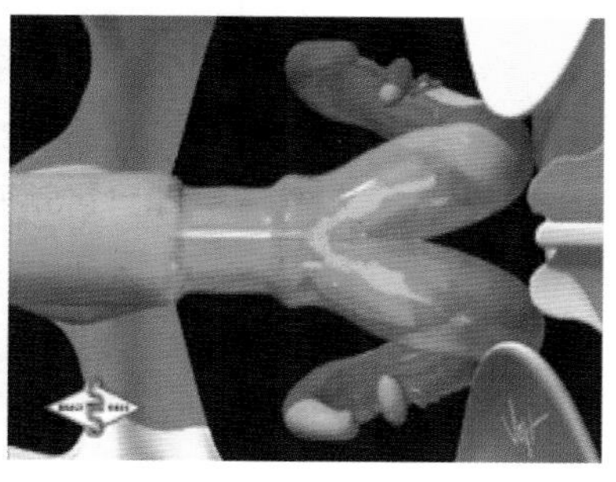

a　　　　　　　　b

图 4－26　输精枪与精液在子宫内位置示意图

a. 输精枪及推出精液在子宫体内位置示意图　b. 精液流向两个子宫角示意图

小贴士

输精过程应注意什么？

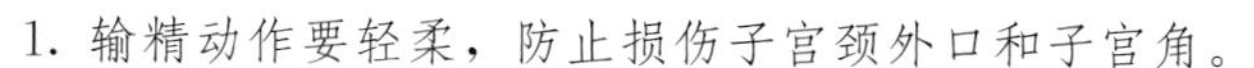

1. 输精动作要轻柔，防止损伤子宫颈外口和子宫角。

2. 推出精液时，直肠内的手可将子宫的输精枪前端稍往下压，使输精管前低后高，便于精液流入子宫内。

3. 输精完成后，先将输精枪取出，用直肠里的手轻轻按住子宫颈片刻，避免精液溢出。

4. 取出输精枪后，配种员应观察输精枪外套管，检查黏附的黏液和输精枪前端是否有血迹等情况。

4.4.2.5　**检查输精枪**　检查输精枪塑料外套管黏液残留情况（是否异常等），特别查看输精外套管前端内是否有精液残留，同时还应检查输精管前端外面是否有血迹等，如图 4－27 所示。

4.4.2.6　**记录**　输精完成后应及时、详细记录配种情况，如配种时间、配种人员、公牛精液信息、母牛发情情况等，具体记录内容见第 9 章的有关内容。

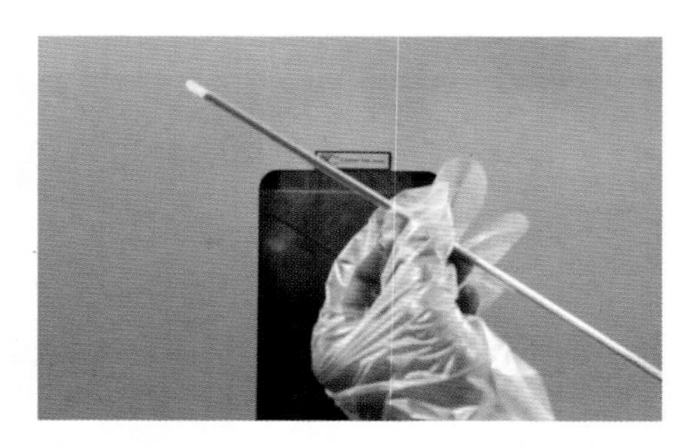

图 4－27　检查输精枪及输精外套管情况示例图

4.5　影响奶牛人工授精效果的主要因素

人工授精技术是奶牛繁殖配种常用的成熟技术，然而影响奶牛人工授精成功率（妊娠率）的因素十分复杂，既受到母牛营养和体况、母牛生殖机能（卵巢机能和生殖道健康）和公牛繁殖性能等因素的影响，也受到奶牛饲养管理水平、人工输精人员技术水平等因素的影响。

4.5.1　公牛繁殖性能的影响

公牛繁殖性能是影响奶牛人工授精妊娠率的重要因素。公牛繁殖性能可体现在两个方面，一是公牛自己的繁殖能力，如有些公牛的精液人工授精妊娠率就相对较高；二是公牛精液产品质量（如每剂细管精液的有效精子数、活力、细菌数等）。

表 4－1 列出了统计不同公牛精液对母牛人工授精配种妊娠率的影响。

表 4－1　不同公牛精液质量对母牛受胎率的影响

公牛数量	精液质量	受胎率
29	好	60%
11	中	48%
11	差	30%

（引自 Alragubi. S. M，2014）

冷冻精液必须保存在液氮中以保证精液质量，因而奶牛场保存和储存精液时应定期添加液氮。为了保证人工授精的冷冻精液的质量，人工授精技术人员应定期（如每个月检查一次）检查精液活率。检查精液活力时，可在人工授精前将解冻的细管精液推出一滴在载玻片，盖上盖玻片（图 4－28），在 100 倍光学显微镜（图 4－29）下观察，检查精液活力（图 4－30）。常规冷冻精液解冻后精液活力应符合国家标准《牛冷冻精液》（GB 4143—2008）和行业标准《牛冷冻精液生产技术规程》（NY/T 1234—2006）的要求，精子解冻活力应大于等于 0.35（表 4－2）。如果牛场具备实验条件，也可进行有效精子数、精子顶体完整率、畸形率，以及细菌数等的检查，具体检查方法参考国家标准规定。

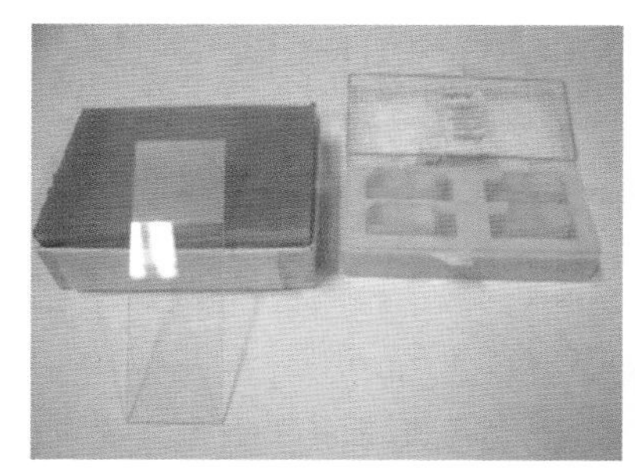

图 4－28　载玻片示例图

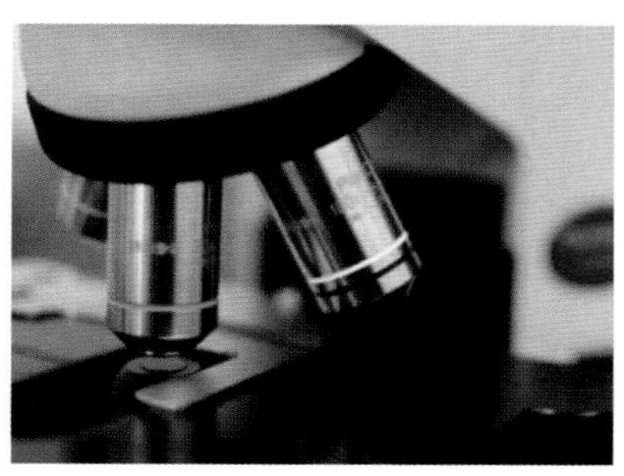

图 4－29　显微镜示例图

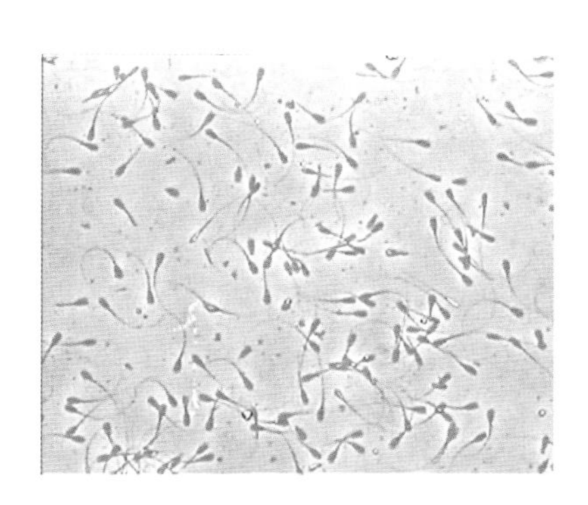

图 4－30　精子活率镜检示例图（×100）

表 4-2　冷冻精子检查指标与标准

检查指标	检查标准
有效精子数（万个）	≥800
活力（%）	≥0.35
精子顶体完整率（%）	≥40
精子畸形率（%）	≤18
细菌菌落数（个）	≤1 000

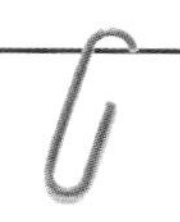

牛场应如何检查精液质量？

1. 解冻时应保证载物台温度在 38 ℃左右。

2. 活率在 0.35 以下的精液应再检查一次，并查明精液活率低的原因，否则该精液不能用于输精。

3. 生产中一般只检查精液解冻活率。

4. 生产中不一定每次人工授精都检查精液活率，但应定期进行抽查，特别是当配种出现问题时应该检查精液是否出现问题。

4.5.2　母牛繁殖性能

母牛繁殖性能是影响人工授精妊娠率最主要的因素。奶牛卵巢上卵泡发育和产后母牛生殖道健康是人工授精的前提，而合理平衡的日粮营养水平、合适的体况和健康状况是母牛具有较好繁殖性能的基础，是人工授精的保障。疾病，特别是繁殖障碍疾病、肢蹄病、乳房炎、代谢病等可严重影响母牛的繁殖性能，从而严重影响奶牛人工授精妊娠率。

4.5.3 人工输精技术

人工输精技术是影响奶牛人工授精妊娠率的主要因素，包括准确的发情观察、输精时间、输精部位和输精技术人员技术水平等。

4.5.3.1 准确的发情观察 发情是母牛卵巢卵泡发育的外在表现，通过发情开始的时间可以预测母牛排卵时间。一般来说，母牛发情后 12～16 h 内排卵，根据排卵时间则可以确定具体的配种时间，因而准确的发情观察是奶牛人工授精配种的基础。

4.5.3.2 人工输精时间 一般来说，母牛发情持续时间为 4～18 h，排卵时间在发情结束后 10～12 h。因此，最佳输精时间应为母牛发情后的 10～12 h（图 4－31）。

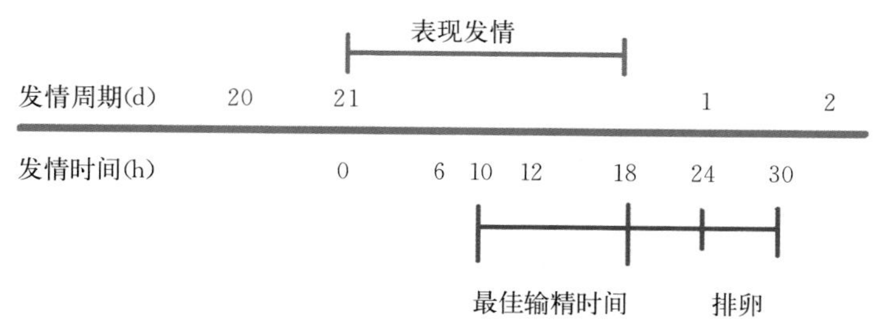

图 4－31 人工输精最佳时间示意图

奶牛生产实际中为了便于操作，可在母牛发情接受爬跨后 8～12 h 进行第一次输精，间隔 8～12 h 进行第二次输精，即“早-晚规则”，早上观察到发情，当天晚上人工输精；下午观察到发情，第二天早晨人工输精。

4.5.3.3 人工输精部位 母牛的适宜输精部位是子宫体，因而奶牛使用常规精液人工授精时可将精液输送到子宫体部位，以保证推出的精液可流入两个子宫角内。如果输精时间较晚（如直肠触诊卵泡已经排卵），则可以将精液输到排卵卵巢侧的子宫角内。

如果奶牛使用分离性控精液人工授精时，可将精液输到卵泡发育侧的子宫角内，以保证到达授精部位的有效精子数。

4.5.3.4 **人工输精员技术水平** 输精就是通过繁殖技术人员将精液输送到发情的母牛生殖道内，从而使母牛妊娠。因此，人工输精人员的技术水平、责任心和输精操作过程是影响人工授精妊娠率的重要因素。

直肠把握输精技术首先要求输精人员通过直肠能很快地找到子宫颈，其次要求输精技术人员能将输精枪顺利地通过子宫颈外口进入子宫体，到达输精部位。输精时应尽量减少对母牛的刺激，因为对母牛过度刺激，特别是对子宫颈和卵巢的刺激可影响人工授精妊娠率。因此，输精时要求技术人员要做到“轻、柔、快”。“轻”就是输精时应尽量减少母牛的应激反应，进入直肠和清除宿粪时应尽量减少对直肠的刺激；“柔”就是直肠内的手检查卵巢时应尽量减少对卵巢及其周围组织的刺激，把握子宫颈时尽量减少对子宫颈的刺激，输精枪进入阴门、阴道和通过子宫颈时应尽量减少刺激，“快”就是输精枪尽快、平缓地通过子宫颈到达输精部位，推出精液后尽快抽出输精枪。

思考与练习题

1. 人工授精的意义是什么？
2. 如何选择合适的冷冻精液？
3. 牛场保存冷冻精液应注意什么？
4. 冷冻精液解冻需要注意什么？
5. 简述直肠把握人工输精的过程与要点。
6. 人工输精时如何顺利通过母牛子宫颈？
7. 简述母牛输精的过程及其注意事项。

妊 娠 诊 断

［简介］妊娠诊断是母牛人工授精配种后的一项重要工作。本章介绍了牛妊娠诊断的概念与原理，重点介绍了不同妊娠诊断方法的具体操作过程。

5.1 概念与原理

5.1.1 妊娠诊断概念

妊娠诊断是指通过一定的方法检查配种后一定时间的母牛是否妊娠的过程，简称妊检。理论上讲，母牛发情配种后如果未妊娠，则母牛在下一个发情周期应该继续发情、排卵，然而实际生产中，由于各种原因，一部分配种后未妊娠的母牛，尤其是配种后未妊娠的泌乳母牛，并没有发情表现。因此，母牛配种后通过妊娠检查，能及早发现未妊娠母牛，从而能及时处理这些未妊娠母牛并及时再次配种。

5.1.2 妊娠诊断原理

配种后，如果母牛妊娠，则母牛在生理和行为上发生一系列的变化，妊娠诊断就是根据母牛生殖生理、行为、胎儿等变化情况，通过一定的方法，检查配种母牛是否妊娠。配种妊娠后母牛可发生的变化如下。

5.1.2.1 **发情周期停止** 发情配种妊娠后，母牛生殖生理发生一系列的变化，如卵巢上存在妊娠黄体（图 5－1），并分泌孕酮，血液孕酮维持在较高的水平，而孕酮负反馈抑制下丘脑 GnRH 以及垂体 FSH 和 LH 的合成和分泌，从而抑制卵巢卵泡发育、成熟和排卵，因而母牛周期性发情停止。同时，妊娠早期的母牛分泌一些特殊物质，如妊娠相关糖蛋白（pregnancy-associated glycoproteins，PAGs）。

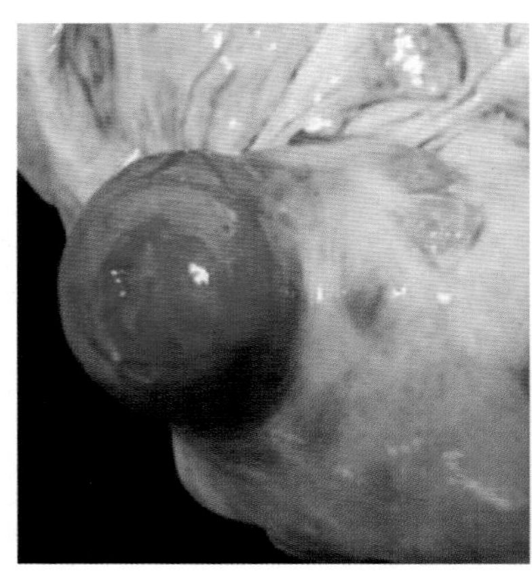
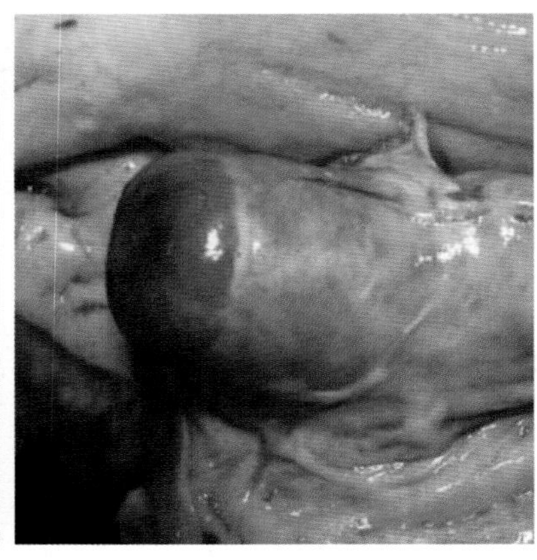

图 5－1　母牛妊娠黄体实物图

（改绘自《母牛发情周期-生殖系统解剖彩色图谱》，朱化彬等译，2014）

一般来说，妊娠母牛外阴皱缩、紧闭，较干燥，很少分泌黏液，但是母牛躺卧有时会分泌少量乳白色、混浊、黏稠的黏液。

5.1.2.2　胎儿生长和发育　妊娠时胚胎在母牛子宫内附植并发育成为胎儿。随着妊娠持续，胎儿在子宫内不断发育、生长，胎盘发育增大，特别是子宫阜（母体子叶）增大（图 5－2），胎水也逐渐增多。配种后 45～60 d 直肠触诊可感觉胚泡（胎衣包裹的胎儿、胎水）逐渐增大。随着妊娠期的延长（妊娠 6 个月后），胎儿增大，胎儿逐渐沉入腹腔，腹围增大，子宫颈前移到耻骨前缘，此时直肠触诊很难摸到胎儿（犊牛），甚至摸不到子叶，但此时通过直肠触诊可摸到子宫中动脉的妊娠脉动，即脉冲式血流。

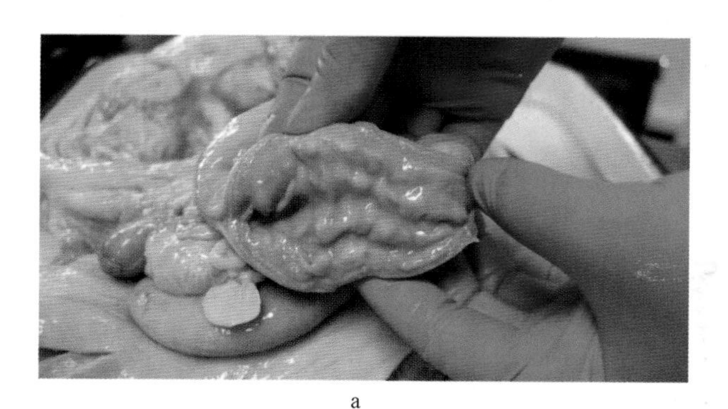

a

b

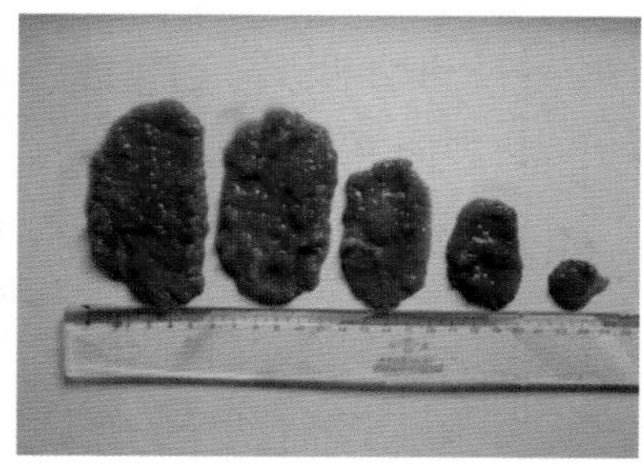

c

图 5-2 母体胎盘子叶和胎儿胎盘子叶实物图

a. 未妊娠母牛子宫阜 b. 同一头妊娠母牛不同大小的子叶（母体子叶，妊娠 190 d）
c. 同一头妊娠母牛不同大小的子叶（胎儿子叶，妊娠 190 d）

5.1.2.3 **乳房发育** 妊娠后期母牛乳房（乳腺和乳导管）开始发育，特别是青年母牛怀孕最后 2～3 个月时乳房开始快速发育。经产母牛乳房一般在妊娠最后 1 个月才开始快速发育。

5.1.2.4 **行为变化** 配种后妊娠的母牛行为发生变化，如采食量增加、喜安静、行动迟缓及被毛光亮等。

5.2 妊娠不同时间母牛子宫及胎儿的变化

母牛发情配种后，成熟卵泡排出的卵母细胞（卵子）与精子在输卵管（壶腹部）受精（0 d），受精后 5～6 d 受精卵（胚胎）运行到子宫角，8～9 d胚胎在子宫角内孵化出透明带，13 d左右胚胎侵润子宫角上皮组织开始附植，胚胎（胎儿）继续发育。

配种后不同时间妊娠母牛子宫角、胎衣（胎膜）和胎儿特征如下。

5.2.1 妊娠30～45 d

排卵侧卵巢存在妊娠黄体，黄体体积较大，质地实质，且常凸出于卵巢表面；子宫角间沟仍清楚，两侧子宫角不对称，孕角比另一个子宫角（空角）稍粗，质地也较柔软，子宫壁薄，能感觉到子宫角内有一小胚泡存在并有液体波动感；直肠触诊时孕角对刺激较不敏感，一般不收缩，而空角常收缩，感觉有弹性且弯曲明显。子宫角的粗细依胎次而定，胎次多的母牛子宫角较胎次少的稍粗（图5-3和图5-4）。

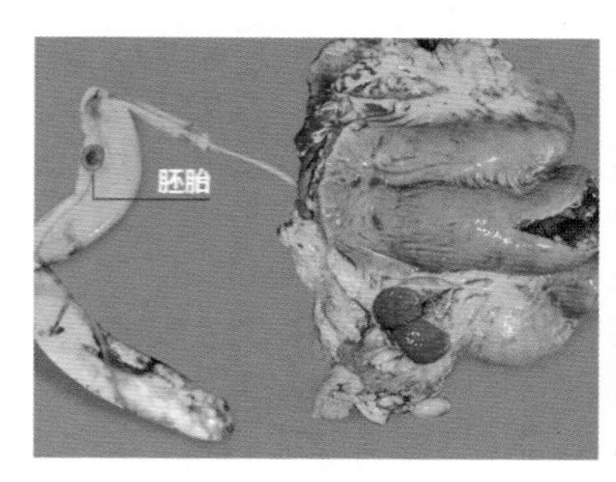

图5-3 妊娠30 d的母牛子宫示例图

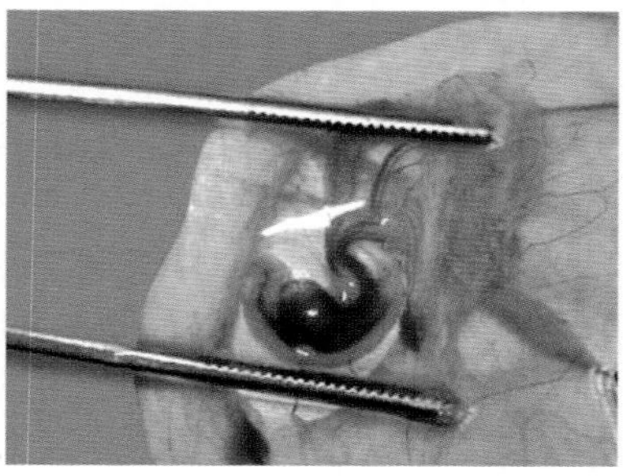

图5-4 妊娠30 d的胎儿示例图

5.2.2 妊娠60 d

子宫角间沟已不甚清楚，但2个子宫角之间的分岔仍然明显，可以摸到全部子宫。如在子宫颈前摸不清，仅能摸到一段较软的东西时，可能表明奶牛已经妊娠，仔细触诊可摸清楚；由于胎儿增大和胎水增多，孕角比空角约粗1倍，而且较长；孕角壁软而薄，且有液体波动感，用手指按压有弹性（图5-5和图5-6）。

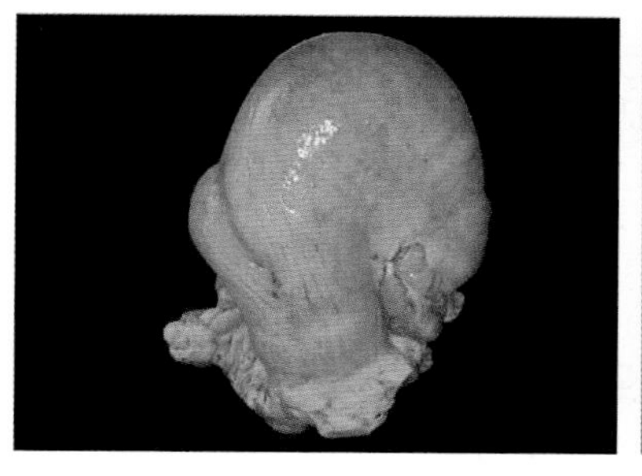

图 5－5 妊娠 60 d 的母牛子宫示例图

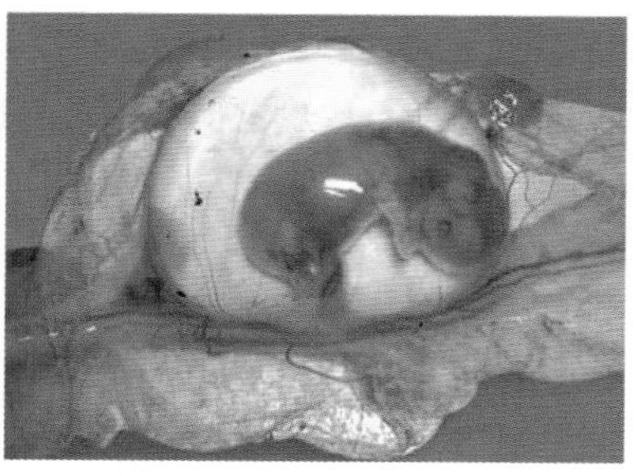

图 5－6 妊娠 60 d 的胎儿示例图

5.2.3 妊娠 90 d

子宫角间沟消失，子宫颈移至耻骨前缘。子宫开始沉入腹腔，妊娠子宫大如足球，子宫壁松软，无收缩，孕角比空角大得多，波动感更加明显，有时可触到胎动；此时胎儿发育 15 cm 左右，容易触摸到。孕角子宫动脉开始出现微弱的特异搏动（图5－7 和图 5－8）。

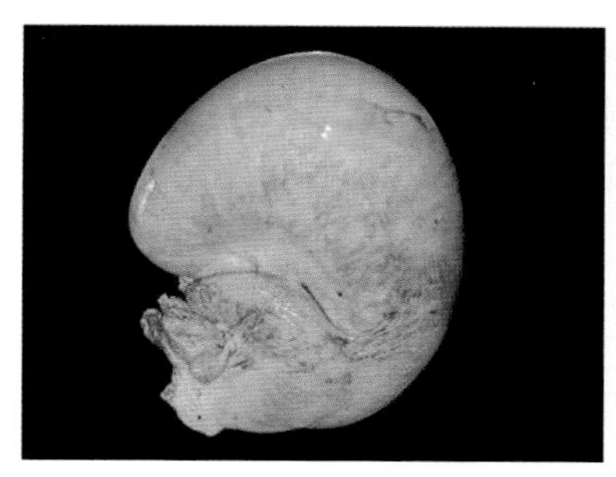

图 5－7 妊娠 90 d 的母牛子宫示例图

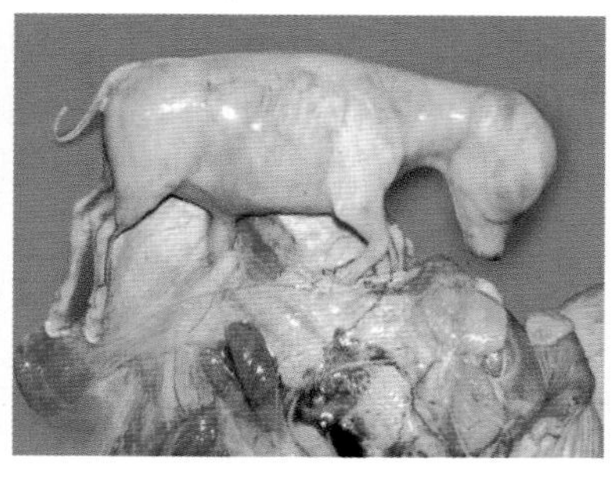

图 5－8 妊娠 90 d 的胎儿示例图

5.3 不同妊娠诊断方法及其诊断过程

牛平均妊娠期为 282 d，276～290 d 均属正常。在妊娠的不同时期，母牛机体、行为以及胎儿（胎牛）具有不同的变化，实际生产中根据母牛这些变化可以在不同的时间使用不同的妊娠诊断方法进行妊娠诊断，这些方法主要包括直肠触诊法、B 超诊断法、孕酮检测法和 PAGs 检测法。

5.3.1 直肠触诊法

直肠触诊法妊检就是通过直肠触诊检查发情配种后一定时间（45～90 d）的母牛子宫角（孕角）大小变化、胎泡大小、胎儿大小、子叶变化等，从而判断母牛是否妊娠。直肠触诊妊检是奶牛养殖生产实际中最常用的妊检方法，繁殖技术人员可通过直肠触诊检查配种后母牛子宫角的变化（质地、大小等）和胎儿变化以确定配种母牛是否妊娠以及妊娠大概时间（胎牛月份大小）。

5.3.1.1 **直肠触诊妊检过程** 直肠触诊检查是通过检查配种母牛卵巢上是否存在妊娠黄体、胎儿（胎泡）大小、子宫角的大小和质地变化、子叶大小变化、子宫颈和子宫位置与形态变化、有无妊娠动脉等情况来判断母牛是否妊娠的过程。

触诊妊检的主要顺序是先寻找子宫颈，再将中指向前滑动，寻找角间沟；然后将手向前、向下触摸子宫的形态变化。通常用一只手的拇指、食指、中指进行触诊即可（图 5－9）。

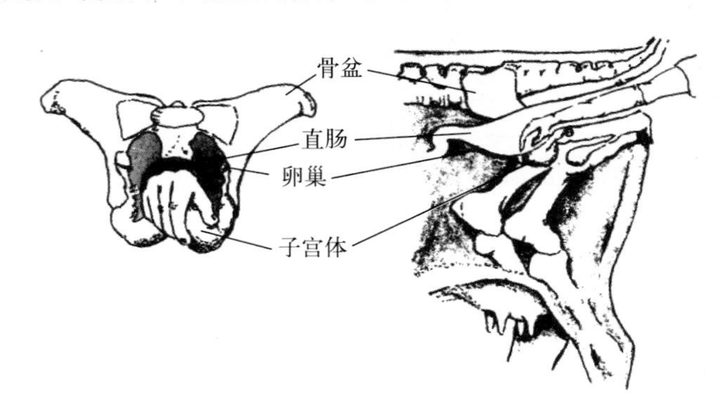

图 5－9　直肠触诊妊检示意图

直肠触诊应该注意哪些问题?

1. 妊检过程应动作熟练、准确和轻缓，检查时间要短，避免动作过大和检查时间过长对母牛造成过多刺激，甚至可能引起意外流产。

2. 经验丰富的妊检人员在配种后 28 d 左右即可进行母牛妊检。

3. 母牛怀双胎时两侧子宫角可能均增大，在早期诊断时应注意这一现象。

4. 配种后 20 d 左右个别妊娠母牛会出现发情表现（假发情），而子宫角又有妊娠变化，对这种母牛应进一步观察，不应过早做出再次配种的安排。

5. 注意妊娠子宫与子宫疾患的区别，避免发生妊检误诊。因胎儿发育引起的子宫增大和子宫积脓、积水有时形态上相似，但子宫积脓、积水的子宫提拉时有液体流动的感觉，而且也找不到子叶的存在，更没有妊娠子宫动脉的特异搏动。

5.3.1.2 **直肠触诊妊检次数** 实际生产中，每头配种母牛应至少进行 2 次直肠触诊妊娠检查，分别是在配种后 45～60 d 和90 d左右进行。配种后 45～60 d 妊娠检查主要检查子宫变化和胚泡的存在，以确认母牛是否妊娠；配种后 90 d 妊娠检查主要检查子宫变化、胚泡、子叶，以确认胎儿存活状态。某些牛场在母牛干奶时（配种后 220 d 左右）还会再进行 1 次妊娠检查，以确认胎儿是否仍旧存活。

5.3.2 B 超检查法

B 超是把回声信号以光点明暗的形式显示出来，回声强，光点亮；回声弱，光点暗。B 超妊娠检查就是利用 B 型超声波诊断仪，根据光点构成图像的明暗规律反映子宫内胎儿、子宫以及胎水等组织各界面反射强弱及声能衰减规律和差异图像判断母牛是否妊娠以及妊娠天数的方法（图 5－10）。

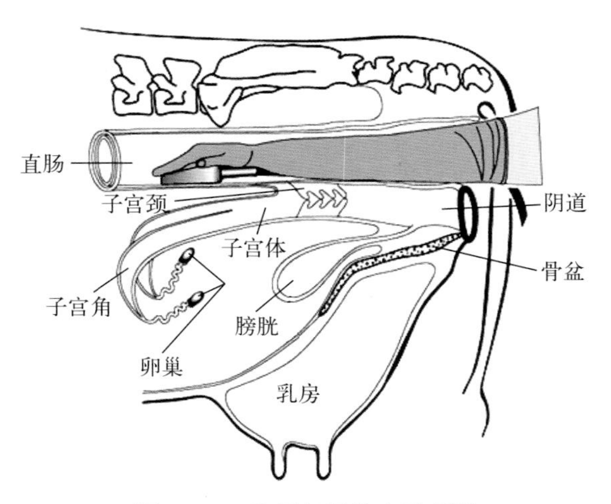

图 5－10　B 超妊娠检查示意图

一般情况下，青年牛配种 27 d 后、成母牛配种 30 d 后即可进行 B 超妊娠检查。

5.3.2.1　**B 超识图的基本要素**　B 超诊断图像中主要显示为黑色、亮白色和灰色 3 种，分别表示不同组织或结构（图 5－11）。黑色表示探测到的是低密度的液体性物质，如膀胱里的尿液、子宫里的羊水、卵泡里的卵泡液、盆腔壁血管里的血液等。亮白色表示探测到的是高密度的组织或器官，如胎儿骨骼、子宫角内膜、肌肉层的增生、卵巢表面沉积脂肪、黄体等。灰色表示探测到的是中等密度的组织或器官，如子宫角肌肉组织、胎儿肌肉组织、有腔黄体等（图 5－11 和图 5－12）。

5.3.2.2　**B 超妊娠检查内容**　B 超妊娠检查一般是在母牛配种后 27～30 d 进行。其操作过程主要是将配种后的母牛保定于牛舍内，清除牛直肠内的粪便后，B 超探头进入直肠放在要探测的一侧子宫角小弯或大弯处对卵巢、黄体、子宫、胎儿及胎膜等情况进行扫描得出图像并判定结果（图 5－13）。

图 5－11 B超诊断图像明暗度示例

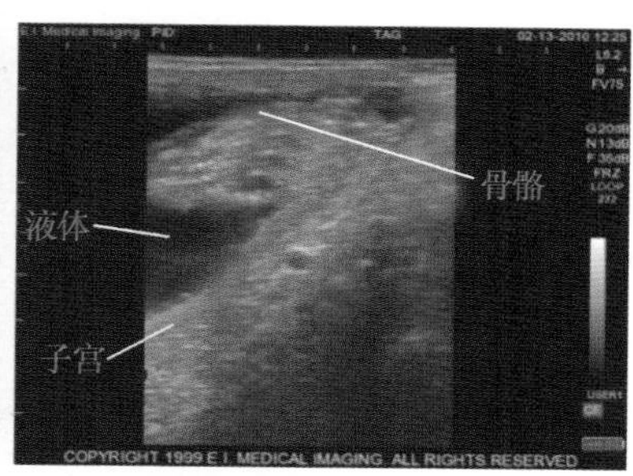

图 5－12 牛胎儿超声波图像示例

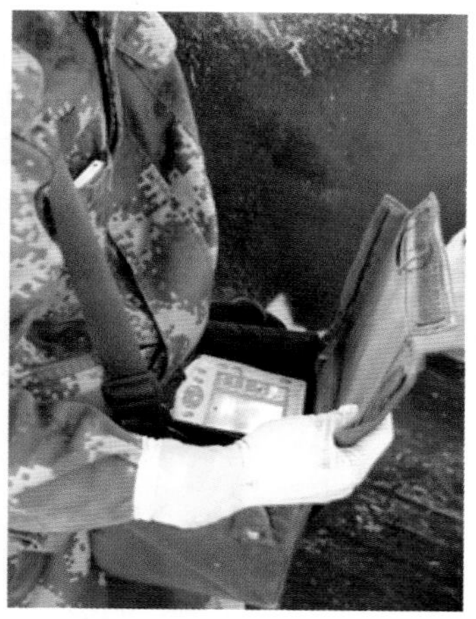

图 5－13 妊娠母牛 B超检查示例图

（1）检查子宫

① 未妊娠子宫　在发情周期的不同阶段，子宫的回声反射波不同。当牛处于发情期时，由于子宫内膜肿胀，从而使子宫内膜褶皱更加突出。在排卵期，由于黏液积累导致子宫对超声波不产生反射。排卵造成黏液积累与早孕都会使子宫对超声波不产生反射，因此区

分二者十分重要。如果出现上述情况，可以继续通过检测卵巢上是否含有卵泡和黄体，或子宫内是否含有胎儿来进行区分（图 5－14）。

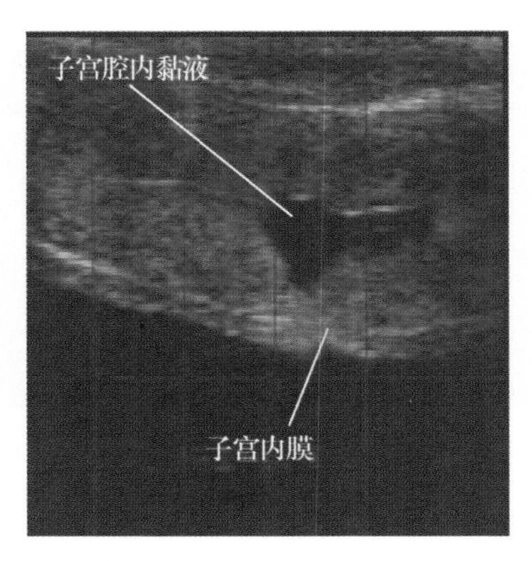

图 5－14　未妊娠的子宫 B 超图像示例图

② 妊娠子宫　在怀孕周期的不同阶段，子宫腔内的内容物不同导致子宫腔不断发生变化。大多数使用直肠超声检测仪的操作者可以在牛场快速、准确地检测出配种 30 d 后的奶牛是否怀孕。经验丰富的操作者在配种 17 d 后可准确鉴定奶牛是否怀孕。在超声波检测中，若未检测到胎儿，但检测到尿囊液、胎膜及其附属物，也说明该奶牛已经怀孕（图 5－15 至图 5－18）。

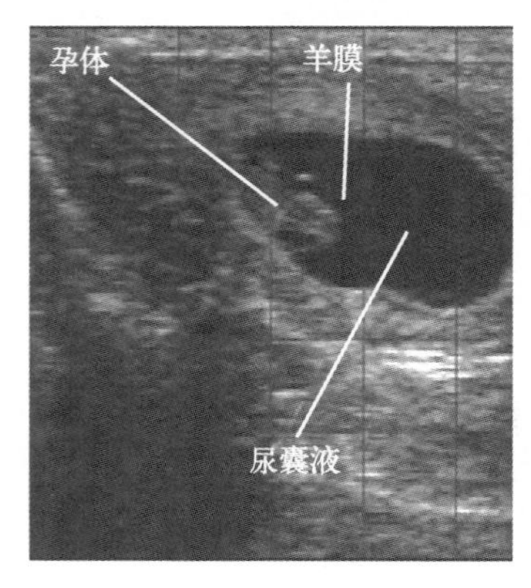

图 5－15　妊娠 30 d 牛子宫 B 超图像

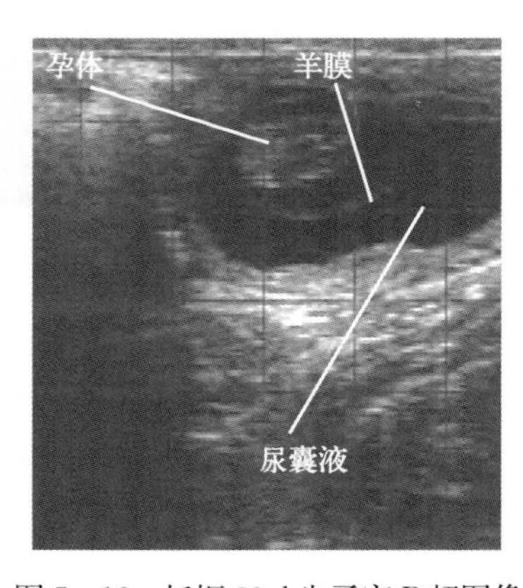

图 5－16　妊娠 33 d 牛子宫 B 超图像

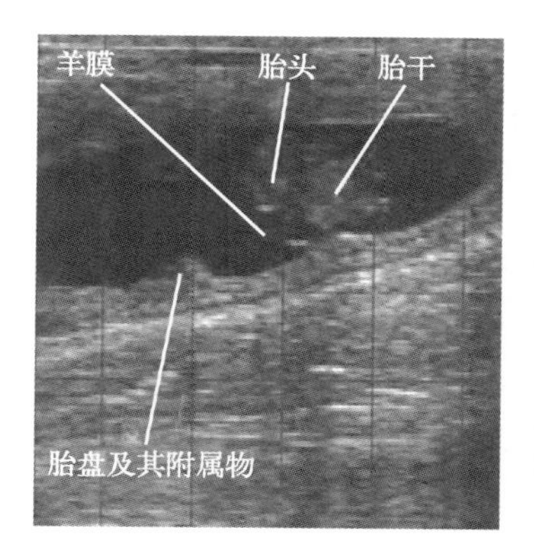

图 5-17　妊娠 42 d 牛子宫 B 超图像

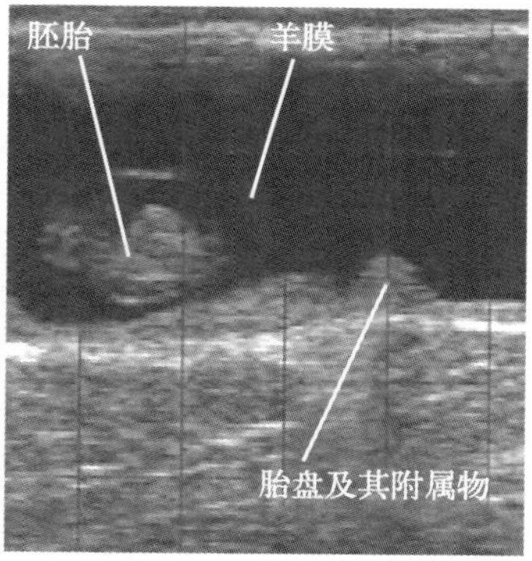

图 5-18　胎盘图像 B 超图像

（2）检查黄体　母牛排卵 4 d 后，超声检测即可检测到黄体。如果没有受精，黄体在排卵后 16 d 开始萎缩。如果母牛妊娠，孕角一侧的黄体会持续存在，通过持续超声检测黄体的存在有助于尽早确定妊娠。同时，在含有黄体的卵巢中也可能存在大小不同的卵泡（滤泡）（图 5-19 和图 5-20）。

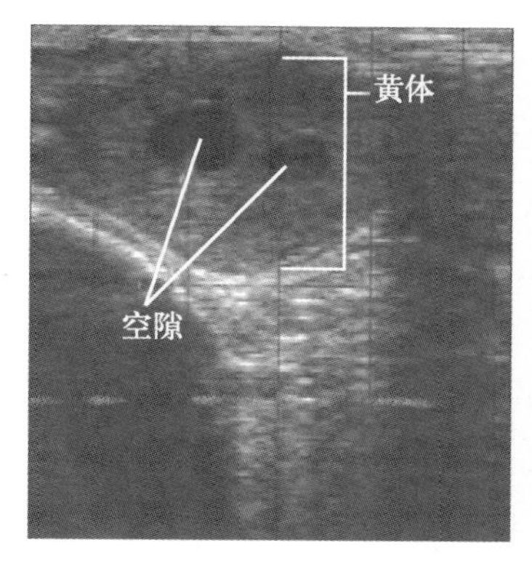

图 5-19　带中心腔隙的黄体 B 超图像

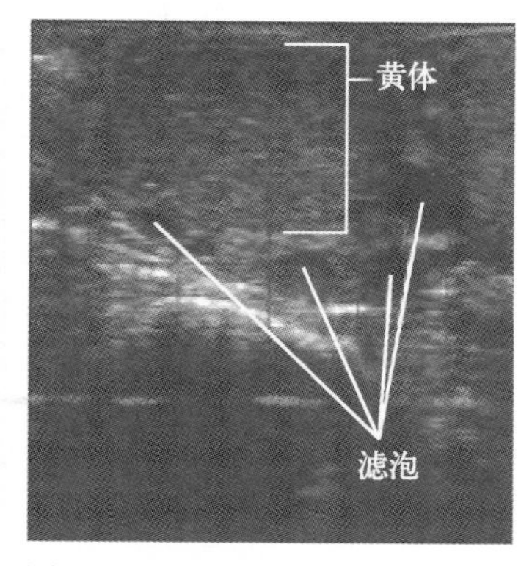

图 5-20　带卵泡的黄体 B 超图像

（3）检查胎儿

① 定位胎儿　B 超探头在整个子宫表面移动，将胎儿定位在

屏幕的顶部中间位置以获得最佳图像质量，线性探头离胎儿越近，所获得的图像质量越好。有时在子宫底部所得到的效果最好，因为此时孕体的重量会使其抵着探头（图 5－21 至图 5－24）。

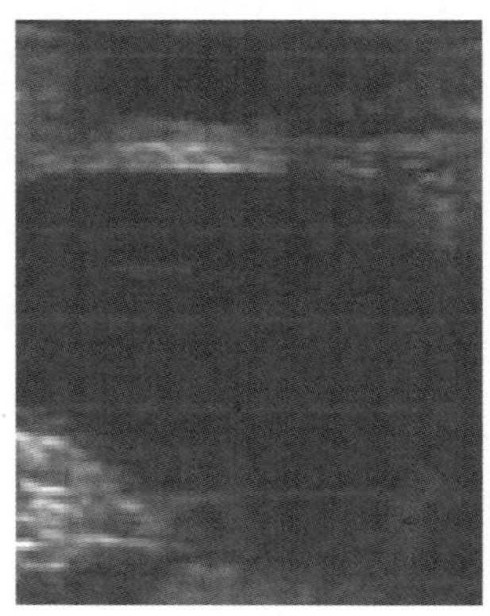

图 5－21　胎儿位于底部 B 超图像

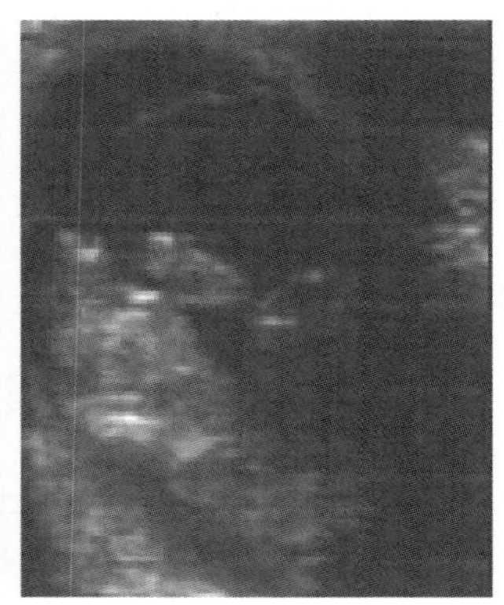

图 5－22　胎儿位于中间 B 超图像

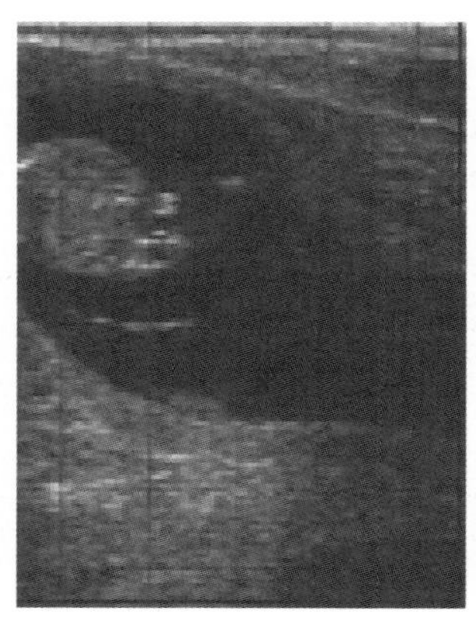

图 5－23　胎儿位于底部 B 超图像

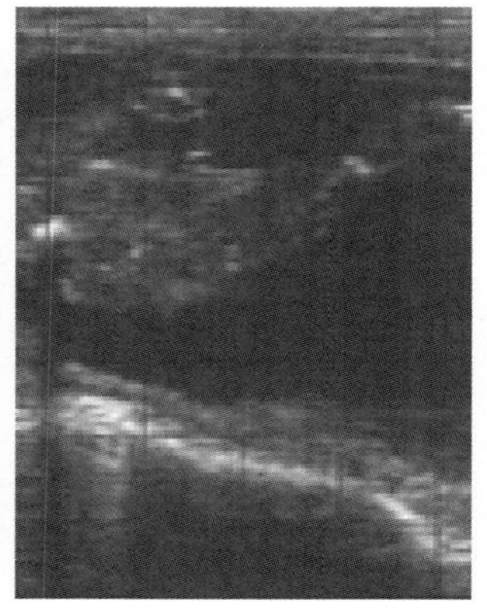

图 5－24　胎儿位于顶部 B 超图像

② 检查胎儿大小　使用 B 超可以测量不同时期发育胎儿的长度（图 5－25 至图 5－27），一般测量顶臀长度，即胎牛头顶到臀部

的长度。不同妊娠时间顶臂长度见表5-1。

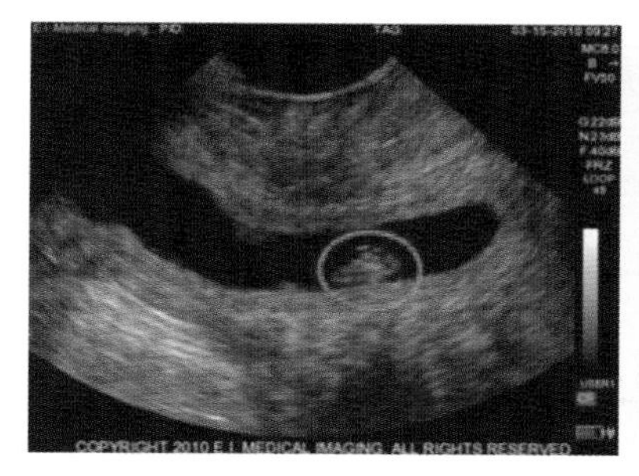

图5-25 妊娠30 d胎儿B超图像

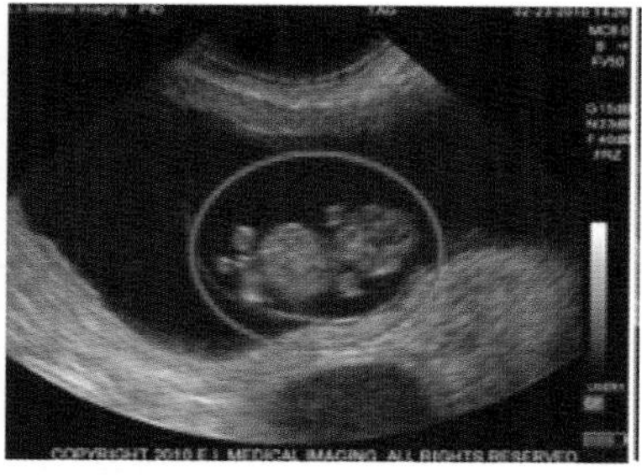

图5-26 妊娠40 d胎儿B超图像

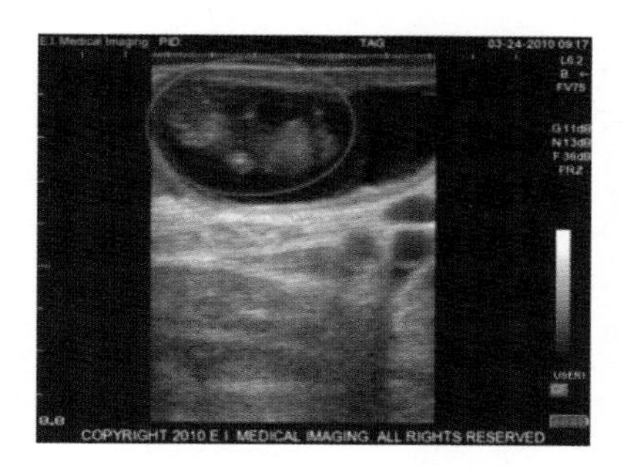

图5-27 妊娠60 d胎儿B超图像

表5-1 各个发育时期胎儿的顶臂长度

胎儿周龄（周）	观察数量（头）	顶臂长度（mm）		
		最小	最大	平均
4	25	6	11	8.9
5	35	8	19	12.8
6	50	16	26	20.2
7	47	23	36	27.2
8	41	36	52	45.5
9	48	39	71	62.4

（续）

胎儿周龄（周）	观察数量（头）	顶臀长度（mm）		
		最小	最大	平均
10	43	61	101	87.4
11	39	95	118	106.5
12	32	107	137	121.8

（引自 Hughes 和 Davies，1989）

③ 确定胎儿数量　人工授精 30 d 后，超声检测可准确鉴定母牛是否怀双胎。同时，当卵巢上出现 2 个或多个黄体也暗示着母牛有可能怀双胎（图 5－28 至图 5－30）。

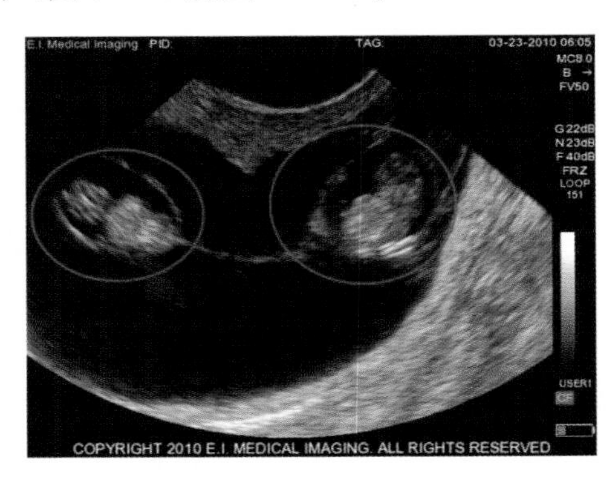

图 5－28　妊娠 40 d 双胎胎儿 B 超图像

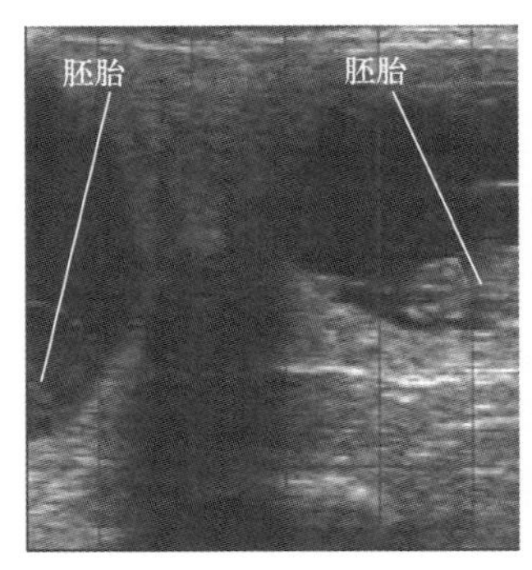

图 5－29　双胞胎 B 超图像

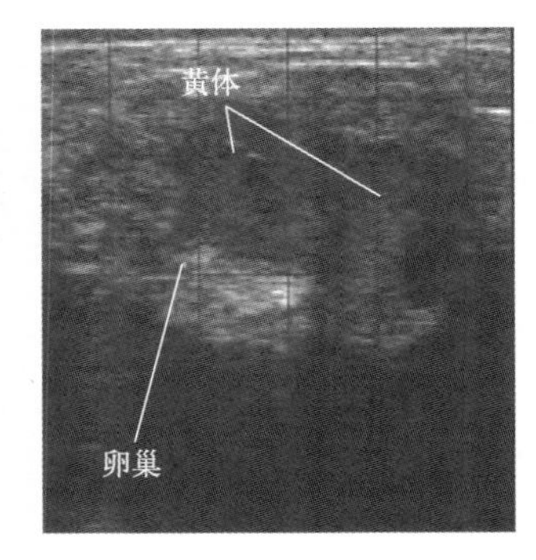

图 5－30　卵巢中的 2 个黄体 B 超图像

小贴士

B超妊娠诊断应注意的问题

1. 操作B超仪的技术人员首先要经过系统的培训，了解基本的操作流程，同时还要能熟练地进行直肠检查。

2. B超妊娠检测前应先了解牛只的繁殖状态和配种记录。

3. 在清理直肠内粪便的同时应将子宫角和卵巢在盆腔的位置触摸清楚，以便知道B超探头放置的具体位置。

4. 在触摸子宫角和卵巢的位置时要了解两侧子宫角和卵巢的发育变化，初步判定哪侧子宫角有变化或者卵巢比较饱满，以便知道B超探头放在哪一侧的子宫角。

5. 常用的B超频率为5.0～7.5 Hz。

5.3.3 孕酮检测法

母牛人工授精配种后的下一个发情周期时间（发情前期与发情期），如果母牛配种未妊娠，则周期黄体退化，母牛体内孕酮（P_4）水平较低，而配种妊娠的母牛黄体持续存在，母牛体内P_4水平较高，因此检测母牛体内（血液和牛奶）的孕酮水平就可以对母牛进行早期妊娠诊断。妊娠奶牛和未妊娠奶牛体内P_4变化规律见图5-31。

孕酮浓度随发情周期而变化的规律，使其成为反刍动物妊娠检测中最常用的一种激素类物质。孕酮检测法最佳的检测时间是配种后18～24 d。

目前P_4的检测方法主要有放射免疫法（RIA）、酶联免疫法（EIA）、化学发光免疫法（CLIA）、孕酮乳胶凝集抑制试验（PLAIT）、胶体金免疫层析法、表面等离子共振免疫传感器（SPRIS）等，其中利用胶体金免疫层析法制备的孕酮快速检测试

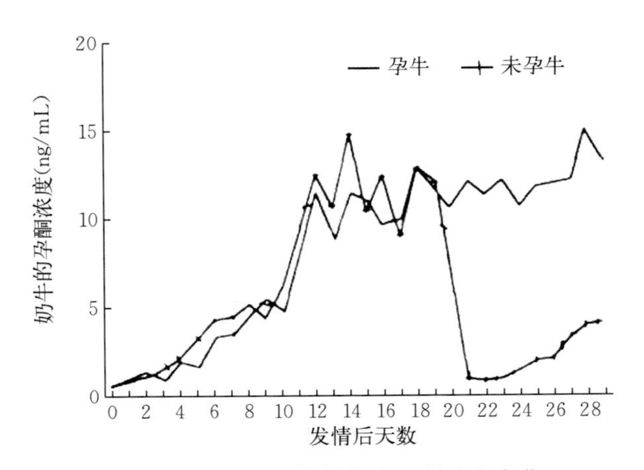

图 5－31　母牛发情周期中孕酮浓度变化

（引自曾宪根等，《应用双抗 EIA 检测奶牛发情周期中奶孕酮含量》，四川农业大学学报，1996）

纸条可以及时、准确地判定母牛是否妊娠。

5.3.3.1　孕酮检测试纸条测定原理　试纸条（图 5－32）主要包括样品垫、金标结合垫、层析膜、吸水垫、塑料基板等。样品溶液（如乳汁、血清和血浆等）滴加到样品垫上，样品中的 P_4 与事先包被在结合垫上的胶体金标记的孕酮特异性抗体发生免疫反应，带有胶体金标记的免疫复合物借助毛细作用在硝酸纤维素膜上层析泳动，迁移至检测线（包被 P_4 抗原）和控制线（包被抗 IgG 抗体）上，如果检测线与控制线区域均出现红色条带，则表明奶牛已妊娠；如果仅控制线出现红色条带，则说明奶牛未妊娠。

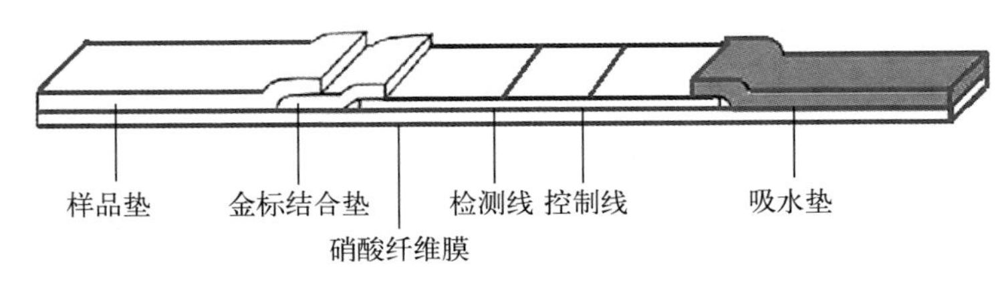

图 5－32　试纸条结构示意图

5.3.3.2　孕酮快速检测试纸条操作流程

（1）奶样采集与处理　奶样应该在牛群挤奶过程中采集，先用吸水纸清洁奶牛乳房，废弃前三把奶，擦干乳头，左手拿 15 mL 离心管，右手拇指与食指握紧乳头基部，剩余三根手指由上而下均匀挤压乳头，即可收集奶样（图 5－33），并及时记录牛号。奶样可在 2～7 ℃下保存 24 h，若长期保存应至于－20 ℃冰箱内。

（2）准备检测用品　操作前，先带好手套，将试纸条、样品恢复至室温，准备吸管等耗材。

（3）加样　将试纸条放置在平坦、洁净的桌面上，用吸管从离心管中吸取奶样，向样品孔中滴加 2～3 滴无气泡的样品，在试纸条上标记牛号。

（4）结果判定　加入奶样 5～10 min 后即可判断结果（图 5－33）。

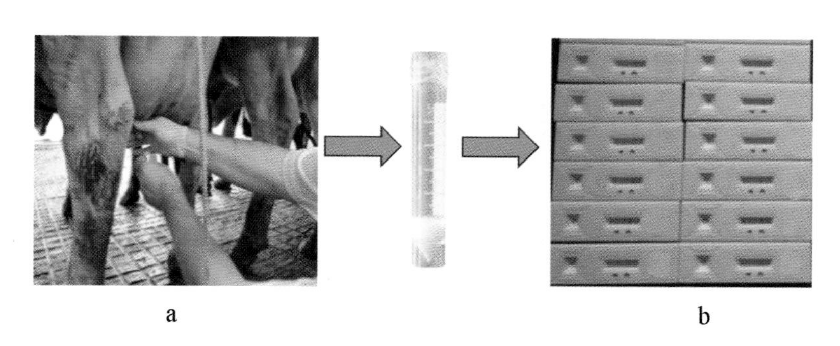

a　　　　　　　　　　　　b

图 5－33　奶中孕酮检测示意图

a. 采集牛奶样品　b. 检测试纸条及其反应结果

阳性：检测线和控制线均为红色。

阴性：控制线为红色，检测线无颜色变化。

如果控制线无红色出现，则检测失败，这可能是操作不当、样品量不够、试纸条过期等原因造成的，应重新操作一次，以确定具体原因。

检测孕酮进行牛妊娠检查应注意什么问题？

1. 孕酮来源于卵巢上黄体，因此只要存在黄体，牛血液或牛奶中孕酮的含量就较高，因此利用检测孕酮进行妊娠检查时应避免产生假阳性。

2. 生产中可以定性检测牛奶或血液中的孕酮进行妊检。一般来说，定性检测孕酮妊检时需要检测不同时间点的样品，如发情配种时、配种后 18～24 d 和配种后 40 d，如果三个点的孕酮检测结果为“低、高、高”则结果为阳性；若检测结果为“低、高、低”，则检测结果为阴性；如果检测结果为“高、低、高”检测结果为阴性。采集样品和检测过程中应避免污染。

3. 孕酮不同检测方法的检测准确性和灵敏度可能存在差异。

5.3.4 妊娠相关糖蛋白检测法

妊娠相关蛋白（pregnancy-associated glycoproteins，PAGs）是奶牛配种妊娠后机体合成和分泌的一类糖蛋白。妊娠后奶牛外周循环中 PAGs 含量开始缓慢上升，到妊娠后 22 d 可达 2 ng/mL 以上，显著高于未妊娠牛（低于 0.2 ng/mL），妊娠后 28～32 d 的 PAGs 含量会达到一个峰值，并在妊娠的中后期维持一种高水平状态。妊娠奶牛体内 PAGs 含量变化规律见图 5-34。

监测妊娠后奶牛外周循环中 PAGs 含量，就可以进行奶牛妊娠诊断。

PAGs 的检测方法主要有 RIA 法和 ELISA 法。RIA 法可能产生放射性危害，并未在实际生产中大规模推广。目前，PAG-ELISA 法在奶牛的早期妊娠检测中应用较为广泛，逐渐受到牧场

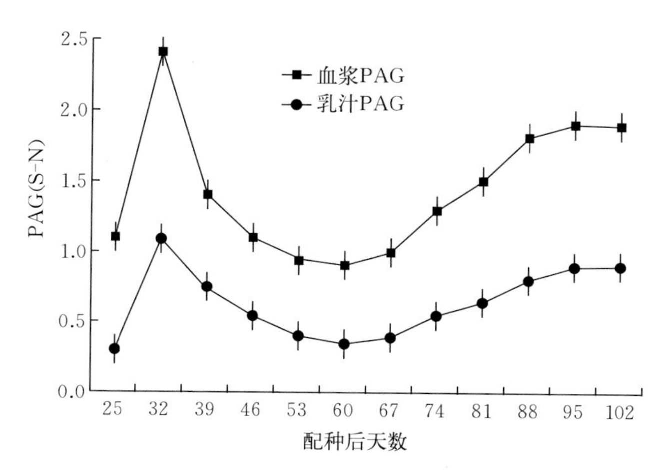

图 5－34 奶牛配种后血浆、乳汁 PAGs 含量变化

繁殖人员的青睐。相关的产品主要包括爱德士（IDEXX）公司的牛可视孕检试剂盒和 BioTracking 公司的 BioPRYN 检测试剂盒。

5.3.4.1 ELISA 检测试剂盒的原理 试剂盒主要包括微孔板、检测溶液、辣根过氧化物酶标记的抗体（酶标抗体）、阴性对照、阳性对照、TMB 底物等。微孔板上已经包被妊娠相关糖蛋白抗体，加入样品孵育后，微孔板上抗体捕获的 PAGs 可以与检测溶液（特异性 PAG 抗体）和酶标抗体相结合。洗板后，加入 TMB 底物显色。孔内颜色的深浅与 PAGs 浓度成正比。

5.3.4.2 ELISA 检测试剂盒的操作流程

（1）采集血液样品 一般采用尾根采血法。母牛上颈夹后，右手抓住牛尾向上翘，选取离尾根 10 cm 左右的尾椎骨中间凹陷处，用酒精棉球消毒或吸水纸擦拭，左手持一次性采血针和5 mL 采血管进行采血。根据样品的需求，选择不同的采血管，若分离血浆，应选抗凝管；若分离血清，应选促凝管。采血后 1～3 h 内分离血浆或血清，室温条件下，3 000 g 离心 10 min。离心后的样品可直接用于检测，也可转入新的离心管，在－20 ℃冰箱内长期保存。

（2）准备检测用品　操作前，先戴好手套，将试剂盒、样品恢复至室温，摇匀试剂，准备吸管、洗瓶等耗材。

（3）加样与反应

① 将微孔板置于平整、干净的桌面上，用吸管分别向孔内加阴性对照、阳性对照以及待测样品，轻轻摇匀几次，盖上遮光板孵育。

② 孵育后，拿开遮光板，迅速翻转微孔板，甩弃孔内液体，用洗瓶向孔内加去离子水，迅速翻转微孔板，甩弃孔内液体。重复洗涤 3～5 次。

③ 洗涤后，向孔内加入检测溶液，轻轻摇匀几次，盖上遮光板孵育。

④ 孵育后，重复步骤②的洗板过程。

⑤ 洗涤后，再向孔内加入酶标抗体，轻轻摇匀几次，盖上遮光板孵育。

⑥ 孵育后，再次重复步骤②的洗板过程。

⑦ 加入显色液孵育几分钟后，再加终止液即可观察颜色变化。

（4）结果判定

阳性：阳性对照孔和样品孔呈蓝色。

阴性：阳性对照孔呈蓝色，样品孔没有显色（图 5－35）。

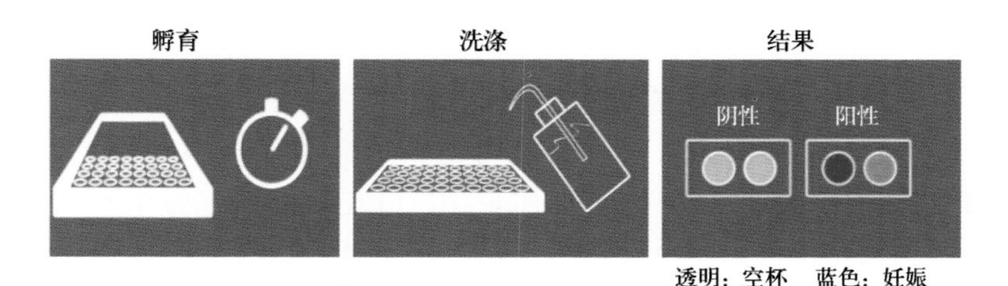

图 5－35　ELISA 检测 PAGs 示意图

可疑：阳性对照孔呈蓝色，样品孔颜色很弱。应复检 1 次。

如果阳性对照孔没有显色，可能的原因有操作不当、试剂盒质量问题等。如果出现这一问题，应重新检测一次以确定具体原因。

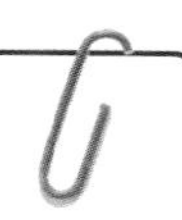

PAGs 检测的优点与不足

1. PAG-ELISA 法可直接通过采集受精后 28 d 的奶牛尾根处血样进行相关 ELISA 实验操作。空怀准确率达到 99%以上，能够尽早筛选出空怀牛只。

2. 与直肠检查法和超声波检查法相比，PAG-ELISA 方法对牛的刺激较小。现有的商业化试剂盒已配备相关的实验用具，判读结果只需肉眼即可判定妊娠与否。

3. 对于奶牛场来说，只需提供恒温孵育设备即可完全在奶牛场内进行操作，且不需要丰富的临床经验，可节省大量人力。

4. 对配种 28 d 以内的妊娠诊断准确率有待进一步的提高。

5. 检测成本费用较高（35～50 元/头）。

5.4 不同妊娠诊断方法的优点与缺点

实际生产中，不同奶牛养殖场可根据自己牛场技术人员、经济实力和设备等实际情况，采用不同的妊检方法。直肠触诊简单易行，需要技术人员具有较好的技术水平和责任心，其妊检的时间相对较晚；B 超妊检时间可早到配种 30 d 左右，准确率也较高，但是需要配备兽用 B 超仪，技术人员需要专门的培训；PAGs 法妊检的时间可早到 28～30 d，准确率也较高，但是检测费用较高。不同妊检方法的优缺点见表 5 - 2。

表 5 - 2　奶牛不同妊娠诊断方法的比较

项　目	直肠触诊	B 超诊断	孕酮检测	PAGs 检测
妊检适宜时间	配种后 45～60 d	配种后 27～30 d	配种后 18～24 d	配种后 28～32 d
结果确认时间	当时	当时	1～2 d 后	当天

（续）

项　　目	直肠触诊	B超诊断	孕酮检测	PAGs检测
准确率	98%以上	几乎100%	95%以上	98%以上
胎儿周龄	可知（不准确）	可知（准确）	不可知	不可知
胎儿死活	不可知	可知（准确）	不可知	不可知
胎儿性别	不可知	可知	不可知	不可知

思考与练习题

1. 简述妊娠诊断目的与意义。
2. 简述妊娠早期（60 d前）卵巢和子宫的主要变化。
3. 简述母牛妊娠诊断的主要方法及各自优、缺点。
4. 采用B超进行妊娠诊断需要注意哪些问题?
5. 直肠触诊妊娠检查应注意什么?

繁殖疾病防治

［简介］繁殖疾病是目前我国肉牛养殖企业和规模奶牛场母牛繁殖性能降低的重要原因，因此繁殖疾病的诊断、防治和预防是提高母牛繁殖效率的一项重要工作。

6.1　奶牛主要繁殖疾病

目前，繁殖疾病是影响我国肉牛养殖企业和规模奶牛场母牛繁殖性能的重要因素，这些繁殖疾病主要包括：

6.1.1　卵巢疾病

母牛常见的卵巢疾病包括卵巢静止、卵巢囊肿（卵泡囊肿、黄体囊肿）和持久黄体。

6.1.2　生殖道疾病

母牛常见的生殖道疾病主要是子宫疾病，包括子宫颈炎、子宫内膜炎、子宫蓄脓等，子宫内膜炎又可根据严重程度分为隐性卡他性、慢性卡他性、慢性卡他脓性和慢性脓性子宫内膜炎4种。

母牛常见的生殖道疾病还包括阴道炎和阴道胀气等。有些头胎青年母牛可能由于胎儿过大或者接生方法不当发生阴道和阴门撕裂等病例。

虽然母牛也可能发生输卵管炎、输卵管堵塞和输卵管粘连等病例，但是生产中相对较少。

6.1.3 胎衣不下

胎衣不下虽然是一个阶段性的病症（产后几天内），但胎衣不下是造成产后母牛子宫炎症的重要因素。

6.2 繁殖疾病的诊断、治疗与预防

6.2.1 卵巢囊肿

卵巢囊肿可分为卵泡囊肿和黄体囊肿。在奶牛卵巢囊肿中，卵泡囊肿和黄体囊肿的发病比例约为 7∶3。

卵泡囊肿就是卵巢上卵泡发育成熟后不排卵，卵泡壁变薄或者部分卵泡细胞黄体化，卵泡内充盈卵泡液，形成较大、表面光滑的卵泡而长时间存在卵巢上（图 6－1）。由于卵泡持续存在而分泌大量雌激素，有些患病母牛表现持续发情，甚至出现“慕雄狂”。

黄体囊肿就是成熟卵泡排卵后的颗粒细胞及卵泡膜细胞在 LH 的作用下大量增生形成体积较大的黄体（如直径大于 3 cm），或者成熟的卵泡并不排卵，但其颗粒细胞和卵泡膜细胞在 LH 的作用而黄体化，并分泌孕酮的病理现象（图 6－2）。

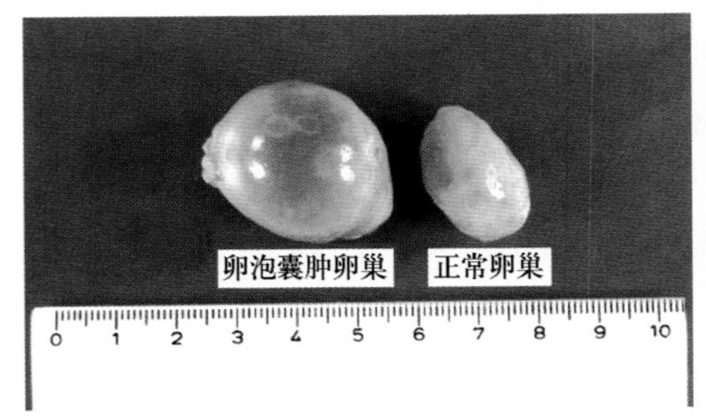

图 6－1 正常卵巢与卵泡囊肿卵巢示例图

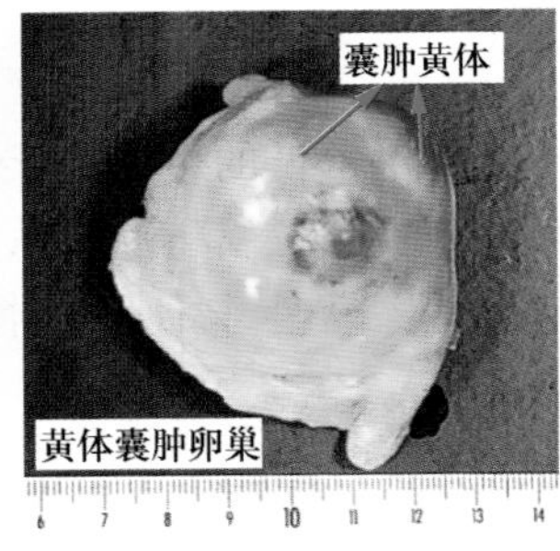

图 6－2 黄体囊肿卵巢示例图

6.2.1.1 卵泡囊肿

（1）诊断　卵泡囊肿主要是由于卵泡皮细胞变性，卵泡壁增生，从而使得卵泡发育到成熟卵泡大小而不排卵。直肠触诊卵巢可触摸到一侧或两侧卵巢表面存在一个或数个未排卵卵泡，体积较大，卵泡壁变薄，表面光滑，卵泡内液体较多，直肠触诊液体感明显；囊肿卵泡直径在 2.5 cm 以上（图 6－3 至图 6－5）。卵泡囊肿可持续 10 d 以上，患病母牛发情无规律，长时间或连续性发情。

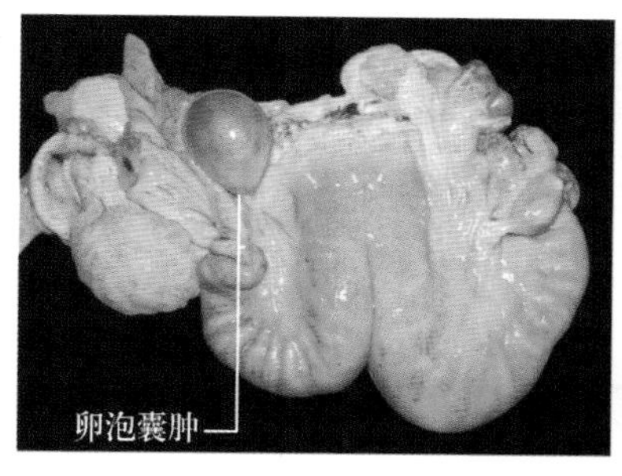

图 6－3　左侧卵泡囊肿示例图

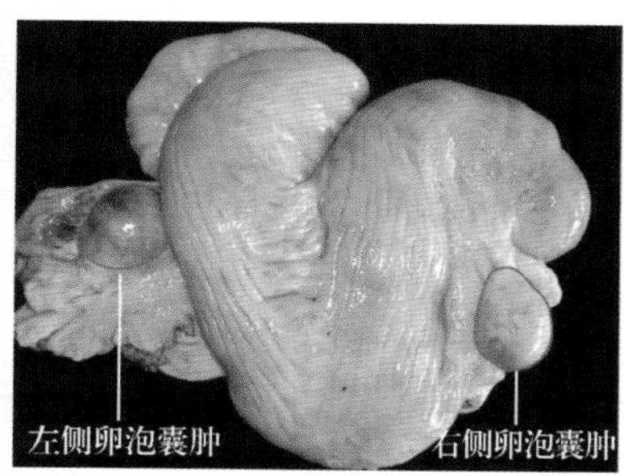

图 6－4　两侧卵泡囊肿示例图

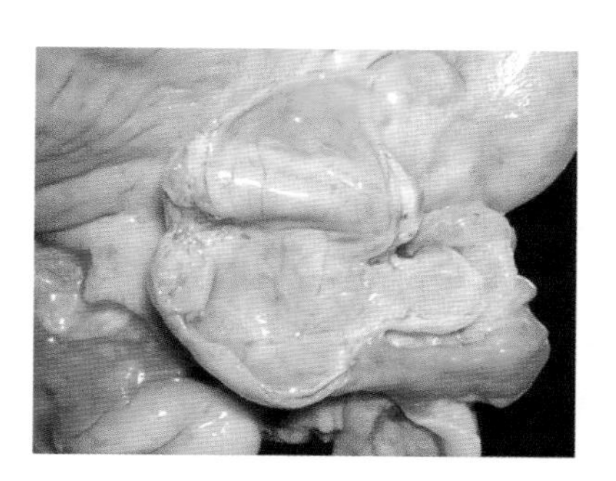

图 6－5　卵泡囊肿卵巢剖面示例图

（2）治疗　卵泡囊肿治疗时首先要使囊肿的卵泡黄体化，然后再消除黄体。因此，治疗卵泡囊肿的主要方法是应用生殖激素促进囊肿的卵泡黄体化。不同激素治疗的具体注射方法见

表 6－1。

表 6－1　治疗牛卵泡囊肿的方法

激素种类	方　　法
GnRH	1 次肌内注射 1 000 IU
LRH－A_3	1 次肌内注射 50～100 μg，连用 1～4 d 配合肌内注射 100 mg 黄体酮
孕酮	1 次肌内注射 50～100 mg，连用 14 d，总量为 750～1 000 mg
$PGF_{2\alpha}$	1 次肌内注射 5～10 mg
hCG＋地塞米松	1 次静脉或肌内注射 10 mg，隔日 1 次，连用 2～3 d（对卵泡囊肿应用其他激素无效的家畜可试用此药）

治疗卵泡囊肿其他方法

1. 穿刺法：治疗卵泡囊肿也可以通过子宫颈穹窿穿刺的方法，刺破囊肿的卵泡并将其中的液体吸出（如同活体采卵方法）。

2. 捏破法：治疗卵泡囊肿也可通过直肠将囊肿的卵泡捏破，但是捏破的囊肿卵泡内的液体流入腹腔，有可能引起感染。

6.2.1.2　黄体囊肿

（1）诊断　黄体囊肿主要是由未排卵卵泡壁上皮细胞黄体化引起。囊肿一般存在于单侧卵巢，囊肿大小 5.3 cm 以上（3～9 cm，图 6－6）；囊肿黄体壁较厚，内有大量液体（图 6－7）。囊肿黄体存在超过 20 d，母牛一般不表现发情，体内雌激素浓度低，孕酮浓度高。

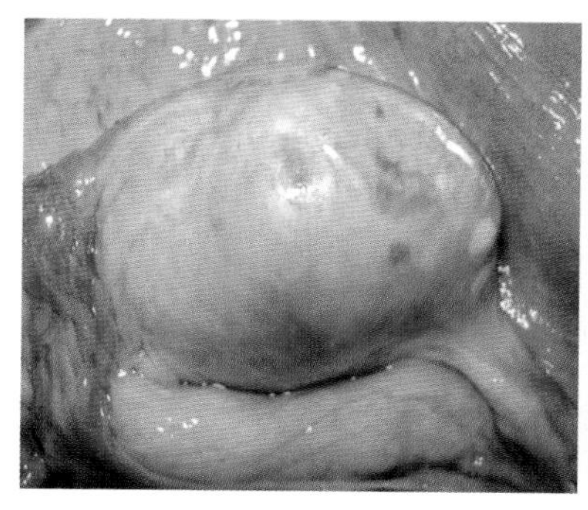

图 6－6　黄体囊肿卵巢示例图

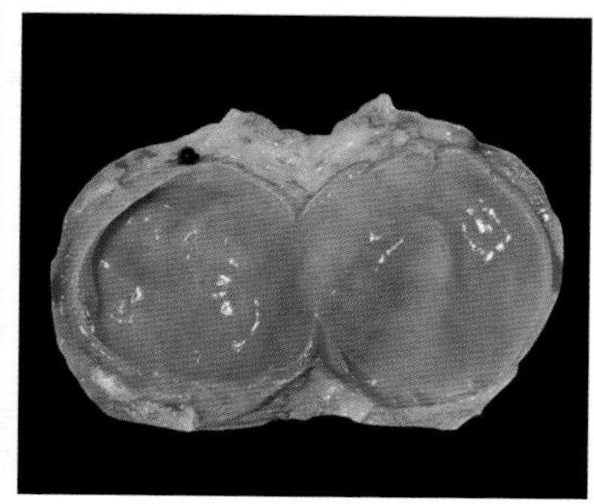

图 6－7　囊肿黄体横切示例图

（2）治疗　治疗黄体囊肿应溶解黄体，因此黄体囊肿主要治疗方法是利用前列腺素及其类似物进行治疗，具体注射方法见表 6－2。

表 6－2　黄体囊肿治疗方法

激素种类	方　法
$PGF_{2\alpha}$及类似物	1 次肌内注射 5～10 mg。必要时，隔 7～10 d 后再注射 1 次
催产素	1 次肌内注射 100 IU，每日 2 次，总量为 400 IU
垂体后叶素	1 次肌内注射 50 IU，隔日 1 次，共用 2～3 次

小贴士

如何区分卵泡囊肿和黄体囊肿？

1. 一般来说，直肠触诊时，卵泡囊肿其体积较大，与卵巢表面界限不明显（处于卵巢皮质层内），囊肿壁较薄，其内液体感明显。卵泡囊肿母牛由于雌激素分泌量较高，因此常出现持续发情、发情表现强烈、短发情周期异常发情现象等。

2. 一般来说，直肠触诊时，黄体囊肿较卵泡囊肿体积更大，与卵巢表面界限明显，或者不明显（处于卵巢皮质层内），囊肿壁较厚，内有液体感。黄体囊肿母牛由于孕激素分泌量较高，因此处于乏情状态。

3. 卵泡囊肿和黄体囊肿有时很难截然分开，卵泡囊肿时同时部分细胞也可能黄体化，而黄体囊肿时其内也可能有较多的液体。

6.2.2 子宫炎

子宫炎是母牛最常见的繁殖疾病之一，尤其是产后母牛，其发病率在母牛产后不同时间可能不同，一般在20%～40%。

子宫炎是奶牛产后最常发的生殖道疾病。按照奶牛患病时间，奶牛子宫炎分为子宫炎和子宫内膜炎，两者以产后21 d为界。子宫炎又分为产褥期/新产牛子宫炎和临床型子宫炎；子宫内膜炎又分为临床型子宫内膜炎和亚临床型子宫内膜炎。（图6-8和图6-9）。

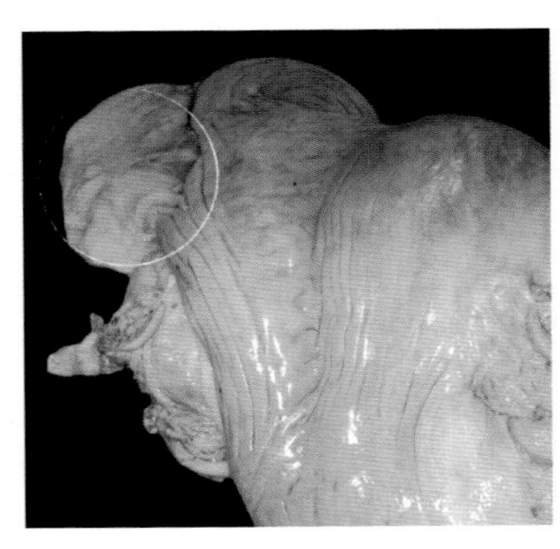

图6-8 新产牛子宫炎示例图

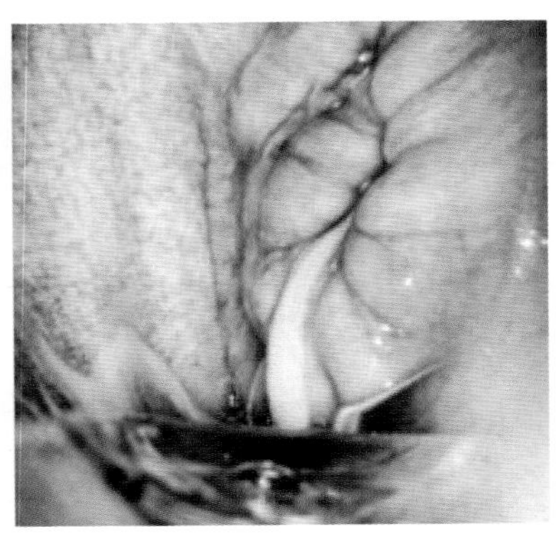

图6-9 临床型子宫内膜炎示例图

（1）诊断　产褥期子宫炎、临床型子宫炎以及临床型子宫内膜炎主要通过肉眼观察子宫排出物，辅以常规全身检查（如体温、精神状况、后躯清洁度等）进行诊断，如果能辅以诊断设备，掏取黏液进行观察，会大大提高检出率，减少漏诊。然而一些子宫炎没有排出脓性分泌物，比如亚临床型子宫内膜炎，不排脓，没有明显的临床症状，增加了诊断难度，对于大型规模化牧场来说，很容易导致漏诊。具体诊断依据如下：

① 产褥期/新产牛子宫炎（容易诊断）　产后 21 d 内，子宫增大，有恶臭，排出红棕色水样分泌物；伴随有全身症状；产奶量降低，精神沉郁，或有毒血症，体温升高（>39 ℃）。

② 临床型子宫炎（容易诊断）　产后 21 d 内，子宫增大，外阴部排出脓性分泌物；无全身症状。

③ 临床型子宫内膜炎（容易诊断）　产后 21 d 后，外阴部排出脓性分泌物（脓比例>50%）或黏液脓性分泌物（脓比例约 50%，黏液比例约 50%），没有全身性症状（具体评分判定标准见图 6－10）。

图 6－10　临床型子宫内膜炎不同病料脓性评分标准
（0 分：透明或半透明黏液；1 分：有白色或灰白色脓；2 分：排出物<50 mL，白色或灰白色黏液脓性分泌物，脓比例约 50%，黏液比例约 50%；3 分：分泌物>50 mL，脓性分泌物≥50%，通常呈白色、黄色，有时带血）

④ 亚临床型子宫内膜炎（不容易诊断） 不排脓；需要借助辅助工具诊断；产后 21～33 d 时，子宫分泌物进行细胞学检测有＞18％的中性粒细胞；或产后 34～47 d 时，子宫分泌物细胞学检测有＞10％的中性粒细胞。

（2）治疗　子宫炎的治疗以恢复子宫张力，改善子宫血液循环，促进子宫收缩使聚积液体排出，抑制和消除子宫感染为原则。治疗时要充分考虑子宫自净能力，治疗药物首选抗生素，尽量不进行子宫投药。治疗方法主要是子宫内治疗结合激素治疗。具体方法为：使用 500～1 000 mL 10％温盐水冲洗患牛子宫；然后以 5 g 土霉素溶于 250 mL 盐水中，一次性灌入患牛子宫内。同时肌内注射 500 μg 前列腺素（如律胎素注射液）和前列腺素类似物（如氯前列腺烯醇）。

（3）预防　引起产后母牛子宫炎的因素很多，其中胎衣不下是重要原因，因此预防和治疗胎衣不下是预防子宫炎发生的重要措施。同时，还应加强母牛围产期的营养和饲养管理，保持机体代谢正常化和使产道免受损伤；接产时采取严格的卫生管理，防止产后感染；加强产后母牛繁殖疾病监控。预防子宫炎症发生的具体措施见表 6－3。

表 6－3　预防子宫炎的具体措施

措　　施	方　　法
加强围产期母牛饲养管理，减少产后疾病发生	① 产前饲养水平不应过高，混合料喂量在 3～4 kg，青贮饲料喂量在 15 kg，干草任其自由采食。产前应注意矿物质、维生素和微量元素的供应 ② 搞好环境卫生，防止感染。产房应清洁、干燥、通风、明亮；运动场干净，粪尿、褥草及时清扫。产前仔细观察母牛食欲、精神等全身状况；为防止产后瘫痪和胎衣不下，可于产前 3～5 d 对年老、高产牛静脉注射 20％葡萄糖和 20％葡萄糖酸钙液各 500 mL，每日或隔日 1 次
加强分娩管理，减少产道损伤和感染	临产母牛应单独隔离，产床消毒，并铺垫清洁褥草；尽量自然分娩，需要助产时，应确定助产的方法和措施并做好所需药品消毒

（续）

措　施	方　法
加强产后母牛监控与护理，促进子宫恢复	① 专人看护分娩母牛，发现努责强烈，产道损伤、流血，子宫脱垂等应及时处理 ② 头胎母牛分娩后卧地不起，可 1 次静脉注射 5%葡萄糖生理盐水 1 000 mL、25%葡萄糖液 500 mL，促进体力恢复 ③ 为防止胎衣不下，产后母牛可静脉注射 20%葡萄糖酸钙和 25%葡萄糖液各 500 mL ④ 产后立即一次肌内注射催产素 100 IU ⑤ 产后 6～8 d，为防止发生子宫内膜炎，产床每日消毒 1 次，用 0.1%新洁尔灭清洗母牛尾根及后躯，每日 2～3 次 ⑥ 坚持出产房的检查，通常 15 d 出产房，异常者应治疗
及时治疗母牛全身疾病	① 因为产后瘫痪、乳房炎、胎衣不下、酮病等，都会直接或间接引起子宫炎症及子宫复旧不全的发生，应及早治疗 ② 有条件的牛场，应对本牛场母牛生殖道微生物进行分离，并选择高敏药物进行治疗，缩短病程，减少慢性、顽固性子宫内膜炎的发生

6.2.2.1 胎衣不下　胎衣不下是指母牛产后 12 h 内全部或主要部分胎衣没有排出体外的病理异常现象。胎衣不下可分为全部胎衣不下和部分胎衣不下（图 6－11 和图 6－12）。

图 6－11　母牛全部胎衣不下

图 6－12　母牛部分胎衣不下

造成母牛产后胎衣不下的原因很多。妊娠后期饲料日粮营养缺乏或者营养不平衡，特别是蛋白质和矿物质（如钙）、微量元素（如硒）、维生素（如维生素 E、维生素 A）缺乏都可能造成母牛产后胎衣不下。而妊娠后期母牛运动量不足，也可造成子宫收缩乏力从而引起胎衣不下，而流产、胎儿过大、双胎、难产等也可能引发胎衣不下。接产过早或者不当也可能增加产后母牛胎衣不下的发病率。

（1）诊断　母牛胎体不下的主要临床症状包括：产后 12 h 胎衣未从子宫排出或部分排出；精神沉郁，体温升高（>39.5 ℃）；母牛产后不断弓腰努责，排出污红色腐臭恶露。

（2）治疗　母牛产后 10 h 胎衣不下即可进行治疗处理，夏季可在产后 7 h 处理。胎衣不下的治疗原则是抑菌、消炎，促进胎衣排出。主要治疗方法包括全身治疗和子宫内治疗（表 6－4）。

表 6－4　胎衣不下治疗方法

类　型	方　法
全身治疗	① 1 次静脉注射 20%葡萄糖酸钙与 25%葡萄糖液各 500 mL ② 1 次肌内注射垂体后叶素 100 IU 或麦角新碱 20 mL（产后 12 h 内） ③ 1 次肌内注射促肾上腺皮质激素 30～50 IU，氢化可的松 125～150 mg，强的松龙 0.05～1 mg/kg，每隔 24 h 注射 1 次，共用 2～3 次 ④ 夏季应肌内注射一定剂量的注射抗生素，预防子宫感染引起全身感染或败血症
子宫内治疗	① 妊娠子宫角 1 次性灌入 10%高渗盐水 1 000～1 500 mL，促使胎盘绒毛脱水从子宫阜脱落。胎衣常于灌药后 3～5 d 脱落 ② 土霉素 3 g 或金霉素 1 g 溶于 250 mL 蒸馏水中，1 次性灌入子宫。隔日 1 次，常于 5～7 d 后胎衣自行分解脱落。胎衣排出后，继续灌药，直到子宫阴道内分泌物清洁为止。一般 14～20 d 子宫干净

（3）预防　预防奶牛胎衣不下主要应注意加强饲养管理、供应营养充分的平衡饲料日粮、加强接产消毒卫生和药物预防（表 6－5）。

表 6－5 胎衣不下预防措施

措 施	方 法
加强饲养管理，供应平衡营养日粮	注意干奶期精粗比例和矿物质、维生素的供应；加强运动，增强全身张力
加强兽医消毒卫生	① 避免各种应激，临产牛置于安静、清洁、宽敞的圈舍内，令其自然分娩 ② 出产应严格消毒；全场做好防疫消毒工作，有流产发生，应查明原因，确定病性。凡由传染病引起的流产，应将母畜从牛群隔离
药物预防	① 产前 7 d 肌内注射维生素 A 5 000 IU，维生素 D 5 000 IU，每日一次 ② 产前 3～5 d，隔天补 25%葡萄糖和 20%葡萄糖酸钙各 500 mL ③ 产前 30 d、15 d 肌内注射亚硒酸钠 100 mg，维生素 E 500 IU ④ 分娩时饮羊水 ⑤ 产后 2 h，10%葡萄糖酸钙或 3%氯化钙 500 mL 静脉注射 ⑥ 产后 12 h 肌内注射催产素 100 IU

思考与练习题

1. 简述母牛主要繁殖疾病及其对繁殖的影响。
2. 如何区别与治疗母牛卵泡囊肿和黄体囊肿？
3. 患有子宫炎的母牛有哪些明显的变化？
4. 如何在生产过程中预防子宫炎的发生？
5. 哪些因素容易造成奶牛胎衣不下？

母牛繁殖管理

[简介] 繁殖管理是母牛，特别是奶牛繁殖的重要工作内容之一，尤其对大规模奶牛场，科学的繁殖管理是提高牛群繁殖性能和经济效益的重要保障。本章以奶牛为例，重点介绍了常用奶牛群繁殖指标及其制定原则与方法、牛场繁殖岗位职责和考核办法，以及不同时期奶牛繁殖管理的重点工作（规模肉牛场母牛繁殖管理可参考）。

随着我国奶牛养殖规模化、集约化和现代化的发展，奶牛繁殖管理对现代化奶牛场，尤其是大规模现代化奶牛场提高奶牛繁殖效率具有重要的实际意义。奶牛繁殖管理应包括以下重点工作：制定繁殖目标和实施繁殖计划；制定具体繁殖性能指标的目标值；不同牛群的繁殖管理工作重点；繁殖数据记录和结果分析；繁殖疾病监控和治疗；配种人员的岗位责任和考核。

7.1 繁殖性能指标

为了便于奶牛繁殖管理，需要制定不同的奶牛繁殖指标以衡量奶牛繁殖性能和配种效果。生产中常用的奶牛繁殖性能指标可分为短时间繁殖指标和长时间繁殖指标。

7.1.1 短时间内繁殖指标

能够及时反映奶牛繁殖性能和配种效果的指标。常用的短时间繁殖指标的定义与计算公式如下。

（1）应参配母牛　指所有应参加配种的母牛，亦称应配种母牛，包括自愿等待期后的泌乳母牛、达到配种月龄（体重、体尺达到要求）的青年母牛，以及配种后返情或流产后可再次配种的母牛。

（2）每日发情率　每日发情母牛头数占应参配母牛头数的百分比。

计算公式为：每日发情率＝每日发情母牛头数÷应参配母牛头数×100％

（3）参配率　一定时间内配种母牛头数占应参配母牛头数的百分比。

计算公式为：参配率＝配种母牛头数÷同时期内应参配母牛头数×100％

（4）情期受胎率　一定时间内配种妊娠母牛头数占发情配种母牛总数的百分比。

计算公式为：情期受胎率＝妊娠母牛头数÷发情配种母牛头数×100％

（5）21 日妊娠率　21 d 内配种妊娠母牛数占同期应参配母牛头数的百分比。

计算公式为：21 日妊娠率＝21 d 内配种妊娠母牛头数÷同时期内应参配母牛头数×100％

小贴士

21 日妊娠率与情期受胎率有何区别？

1. 21 日妊娠率与情期受胎率之间最大的区别是计算时 21 日妊娠率的分母是所有应参配母牛数，而情期受胎率的分母则是发情配种母牛数。如下图所示，如果某牛场 100 头应参配母牛，发情配种 50 头，20 头妊娠，则 21 日妊娠率和情期受胎率分别为 20%和 40%。

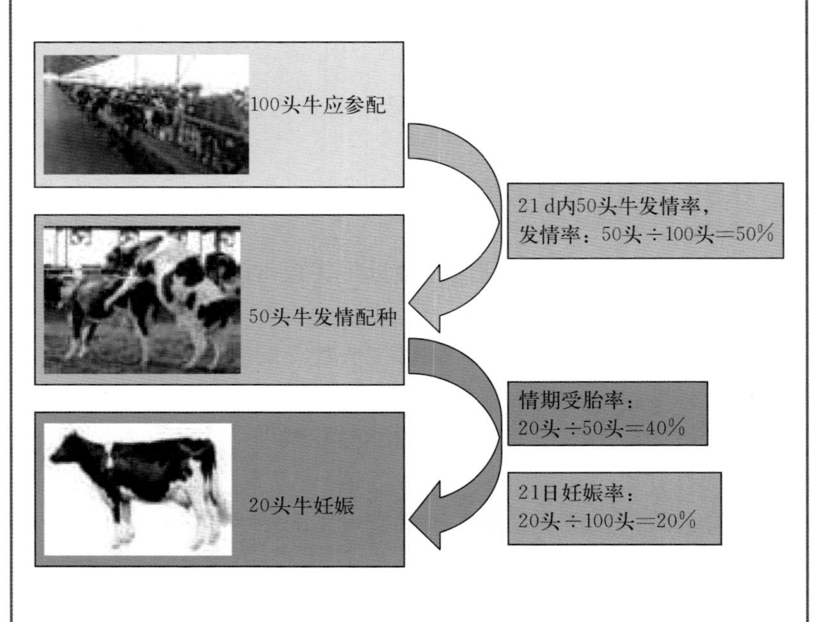

2. 21 日妊娠率受牛群母牛发情（繁殖力）、发情检出率、公牛（精液）繁殖力和输精人员技术水平的影响，更多地反映牛场牛群繁殖性能，而情期受胎率则更多地反应了人工授精员的技术水平。

3. 21 日妊娠率低于同时期的情期受胎率，但是如果牛场某时期所有应参配种母牛采用同期排卵-定时输精程序配种，则 21 日妊娠率就可能与情期受胎率相同。

7.1.2 长时间内繁殖指标

（1）总情期受胎率　指配种后最终妊娠母牛数占总配种母牛情期数的百分率。

计算公式为：总情期受胎率＝妊娠母牛数÷总配种母牛情期数×100％

如何计算总情期受胎率？

1. 包括历次复配情期数。

2. 年内妊娠大于等于2次的母牛（包括早产和流产后妊娠的），妊娠头数应计算入内，妊娠几次记为几头次。

3. 配种后45 d以内的青年牛和配种后60 d的泌乳牛出群（淘汰）时，因不能确定是否妊娠，不进行统计。

（2）年总受胎率　年内妊娠母牛头数占配种母牛头数的百分率。

计算公式为：年总受胎率＝年受胎母牛数÷年配种母牛数×100％

如何计算总受胎率？

1. 按自然年度统计。

2. 年内受胎大于等于2次的母牛（包括早产和流产后受胎的），受胎头数应计算入内，受胎几次即为几头次。

3. 配种后45 d以内的青年牛和配种后60 d的泌乳牛出群（淘汰）时，因不能确定是否妊娠，不进行统计。

4. 有严重生殖疾病和中途漏配母牛可不计算。

5. 也有人认为年总受胎率应将全年应配牛总数作为公式的分母，其数值将低于上述公式的计算结果。

（3）配种指数　又称受胎指数，指牛群平均每次妊娠所需的情期数。

计算公式为：配种指数＝配种情期总数÷受胎母牛头数×100％

（4）年繁殖率　本年度内实际繁殖母牛数占应繁殖母牛数的百分率。

计算公式为：繁殖率＝本年度内实繁母牛数÷本年度内应繁殖母牛数×100％

小贴士

如何计算年繁殖率？

1. 实际繁殖母牛数指自然年内分娩的母牛数，年内分娩 2 次的，计 2 头，产双胎的计 1 头，妊娠 7 个月以上早产的计入繁殖头数，而妊娠 7 个月以内流产的不计入。

2. 应繁母牛数指年初在 14 个月龄以上的母牛数与年初未满 14 月龄而在年内繁殖的母牛数。

3. 产犊后淘汰出群的母牛应计算，未产犊而淘汰出群的不计算。

4. 新入群的母牛中，产犊时，分子分母都计算入内，而未产犊的不计算。

（5）年产犊率　本年度内产犊的母牛数占参与配种母牛数的百分率。

计算公式为：年产犊率＝本年度内产犊母牛数÷年度内配种母牛数×100％

小贴士

如何计算年产犊率？

1. 产犊的母牛数指自然年内产犊的母牛数，年内分娩 2 次的，计 2 头，产双胎的计 1 头，妊娠 7 个月以上早产的计入繁殖头数，而妊娠7个月以内流产不的计入。

2. 配种母牛数指本年度实际参加配种的母牛总数；凡产犊后出群的母牛计算入内，未产犊而出群的不计算。

3. 入群的母牛中，如果年初入群的母牛可以配种，则分母加1，分子根据实际情况计算。

(6) 产犊间隔　又称产犊指数、平均胎间距，是母牛两次产犊之间相隔的天数。生产中主要使用平均胎间距。

计算公式为：平均胎间距＝所有母牛胎间距总计天数÷母牛头数×100%

7.1.3 其他繁殖指标

(1) 自愿等待期　自愿等待期指母牛产后恢复正常生殖性能的时期，此时间之前不宜进行人工授精。国内奶牛场的自愿等待期一般为产后45～55 d。具体的自愿等待期可根据牛场牛群生产性能、计划产犊时间等做适当的调整。

(2) 流产率　妊检怀孕母牛（45 d）在妊娠220 d前终止妊娠而流产的母牛数占妊检怀孕母牛数的百分比。不同奶牛场计算流产率的具体时间也都不尽相同。

计算公式为：流产率＝流产母牛头数÷妊娠母牛头数×100%

(3) 死胎率　产犊时犊牛死亡的母牛头数占分娩母牛总头数的百分比。

计算公式为：死胎率＝死胎母牛头数÷产犊母牛头数×100%

(4) 繁殖淘汰率　因繁殖原因淘汰母牛头数占应参配母牛头数的百分比。繁殖淘汰母牛的原因很多，包括久配不孕、严重子宫炎症（子宫蓄脓、子宫积液）、子宫（阴道）脱等，然而不同奶牛场制定淘汰繁殖问题牛的标准不尽相同，因而不同奶牛场繁殖淘汰率没有可比性。

7.2 制订合理的繁殖指标

在奶牛养殖中，要制订适用于所有牛场的统一的合理奶牛繁殖性能指标的目标值是十分困难的，因为，不同奶牛场的奶牛饲养水平、牛群结构和技术人员水平不尽相同，其奶牛繁殖性能不可能一致。因此，实际生产中，应根据自己奶牛场的情况，制定合理的奶牛繁殖指标的目标值，以便于评价奶牛繁殖性能和技术人员的工作业绩。

以下内容仅供不同牛场在制订自己牛场繁殖性能的具体指标时参考。

7.2.1 制订奶牛合理繁殖指标的原则

可根据以下三点，结合牛场实际制订自己奶牛场合理的繁殖指标目标值。

① 参照牛场前两年奶牛的实际繁殖情况。

② 参照周边相同水平牛场奶牛到达的繁殖指标。

③ 参考奶牛养殖和奶牛繁殖专业书籍中的繁殖性能指标理想目标值。

7.2.2 奶牛繁殖指标

可分开制订青年牛和产后泌乳母牛繁殖指标的目标值。由于每个奶牛场的实际情况不同，以下内容仅提供了奶牛场制订繁殖指标参考范围。

7.2.2.1 **青年牛繁殖指标** 生产中，如果犊牛和后备牛饲养管理科学、合理，青年牛初情期后，体重和体高达到一定的标准，可参加配种，而且其人工授精的配种妊娠率较高。

（1）青年牛参配标准 为了青年牛能及早配种妊娠和及早产奶，荷斯坦青年牛性成熟后达到一定标准时应及早参加配种，这些标准包括以下几个。

① 年龄 青年牛月龄应大于等于14月龄。

② 体高 青年牛身高应大于等于132 cm。

③ 体重 体重大于等于成年体重的75%，或者大于等于375 kg。

青年牛过早如小于13月龄配种，或者犊牛和后备牛饲养管理水平较差，虽然青年牛月龄达到了配种年龄，但是体重较轻或者体高较低，此时配种妊娠可能会影响青年牛第一胎次产奶量，甚至影响终身胎次的产奶量。

（2）青年牛繁殖性能指标 青年牛人工授精繁殖性能指标值见表7-1。其中目标值是一般牛场牛群应该达到的，“好”是指该项指标比目标值高；“中”指该项指标比目标值低，但仍然可以接受；“差”指该项指标低于目标值较多，应引起牛场管理人员和技术人员的足够重视，并寻找原因和解决办法。

表7-1 青年牛繁殖性能指标一览表

项　目	目标值	好	中	差
初情期月龄	8～12	7	12～13	>13
初情期后正常发情率（%）	95	95～100	90	≤90
第一次配种月龄	14	15～17	17～18	>18
第一次产犊月龄	24	24～25	25～26	>26
普通精液情期受胎率（%）	70%	70～75	65	≤60
普通精液配种指数	≤1.4	1.2～1.4	1.4～1.55	≥1.66
性控精液情期受胎率（%）	55	55～60	50	≤45
性控精液配种指数	2.2	2.2～2.0	2.2～2.4	≥2.4
因繁殖淘汰青年牛比例*（%）	2	≤1	2～3	≥3

*不包括异性双胎的母牛。

7.2.2.2 泌乳牛繁殖指标

（1）泌乳牛参配标准 泌乳母牛开始参加配种时间取决于牛场设定的自愿等待期的天数，第一胎次母牛自愿等待期的时间可稍长一些，如具体为：第一胎次泌乳牛为产后55 d；二胎及以上胎次泌乳牛为产后 45 ～50 d。

(2) 泌乳牛繁殖性能指标　为了更清晰地了解泌乳母牛繁殖性能指标，可将泌乳母牛繁殖性能指标分为常规繁殖性能指标和人工授精繁殖性能指标。

泌乳母牛常规繁殖性能指标值见表 7－2，人工授精繁殖性能指标值见表 7－3。其中目标值是一般牛场牛群应该达到的，“好”是指该项指标比目标值高，“中”指该项指标比目标值低，但仍然可以接受，“差”指该项指标低于目标值较多，牛场应引起足够的重视，并寻找原因和解决办法。

表 7－2　泌乳牛常规繁殖性能指标一览表

项　　目	目标值	好	中	差
平均产犊间隔（d）	≤410	395	420	≥430
产后 85 d 时参配率（%）	>90	95	85	≥80
平均产后首配天数	≤75	65	80	≥85
空怀超过 150 d 牛比例（%）	<15	10	15～18	>20
平均空怀天数	110	100	120～130	>130
年繁殖率（%）	85	>85	70～85	<70
因繁殖淘汰率（%）	<10	5～8	10～15	>15

表 7－3　泌乳牛人工授精繁殖性能指标一览表

项　　目	目标值	好	中	差
发情鉴定率（%）	≥85	95	80	<75
具有 18～24 d 发情周期牛比例（%）	70	>75	68～70	<65
产后第一次观察到发情的平均天数	<40	<35	40～45	>50
情期受胎率（%）	≥47	50	40～45	<40
21 日受胎率（%）	≥28	≥30	20～25	<20
常规精液配种指数	≤2.1	1.8	2.5	>2.5

（3）泌乳牛繁殖性能异常指标　产后的泌乳牛生殖器官和繁殖机能的恢复需要一定的时间，因此产后泌乳牛有一定比例的生殖道异常是正常的，如产后 10 d 以前，38%以上的产后母牛可能存在子宫炎症（图 7－1），但是经过一段时间的恢复和子宫自净化，子宫炎症的比例显著减少，如在产后 45 d 后子宫内膜炎母牛的比例应低于 10%。因此，产后自愿等待期后，如果泌乳母牛子宫异常超过一定的范围，则应该引起重视。牛群繁殖性能异常的具体指标见表 7－4。

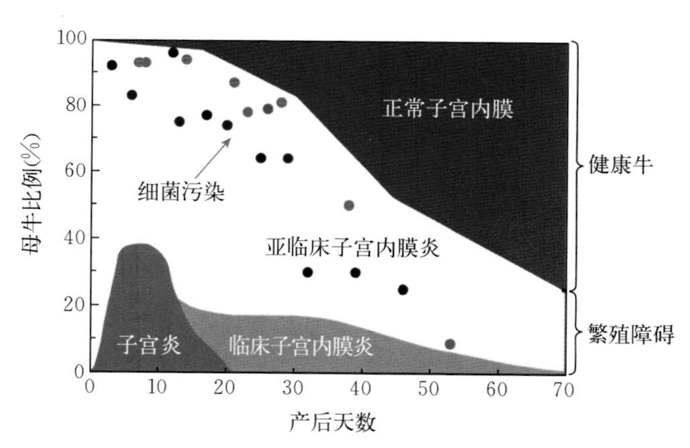

图 7－1　奶牛产后子宫恢复和生殖道炎症比例示意图

表 7－4　奶牛产后异常指标及其目标值范围

繁殖异常项目	目标值	好	中	差
自愿等待期结束时生殖道分泌物异常病例比例（%）	<8	<5	≤15	>15
配种时无发情周期病例比例（%）	<3	<2	≤5	>5
卵巢囊肿病例比例（%）	<15	<10	≤20	>20
产后 20～30 d 临床子宫内膜炎病例比例（%）	<20	<15	≤25	>25
子宫积脓（积液）病例比例（%）	<0.5	<0.3	≤1	>1

（续）

繁殖异常项目	目标值	好	中	差
妊娠 30～100 d 早期流产病例比例（%）	<10	<6	≤15	>15
妊娠 100 d 到干奶时流产病例比例（%）	<5	<3	≤8	>8
因繁殖淘汰牛比例（%）	<10	<8	≤15	>15

7.3 奶牛繁殖技术人员岗位职责

7.3.1 繁殖技术人员岗位设置

繁殖工作是奶牛场重要的工作岗位，规模牛场可根据工作实际需要设置奶牛繁殖技术人员。奶牛繁殖技术人员岗位的数量，取决于奶牛场饲养规模、饲养方式。一般来说，平均每 300～400 头奶牛设置配种技术人员 1 名。如果配种技术人员需要负责牛场繁殖疾病的治疗工作，则应相应增加配种技术人员岗位数量。

规模牛场可根据工作需要，设置奶牛繁殖主管岗位 1 名。

7.3.2 繁殖主管职责与考核

规模牛场奶牛繁殖主管岗位，主要负责奶牛繁殖计划的制订、组织实施，统计分析奶牛繁殖结果，参与人工授精，监督和考核配种人员业绩等。牛场可根据实际情况制定繁殖主管的职责和考核指标。

7.3.2.1 **繁殖主管职责** 奶牛场繁殖主管职责如下：

① 制订奶牛繁殖计划并组织实施。

② 制订牛场奶牛繁殖性能指标。

③ 制订配种技术人员考核指标。

④ 制订奶牛繁殖疾病治疗方案。

⑤ 制订奶牛繁殖障碍淘汰指标并组织实施。

⑥ 分析牛场奶牛繁殖结果，查找影响繁殖性能的主要原因。

⑦ 其他与繁殖有关的工作。

7.3.2.2 **繁殖主管考核** 为激励奶牛繁殖主管工作责任心，牛场可根据繁殖主管岗位人员的工作业绩进行奖惩。具体奖惩办法，牛场可根据具体情况和繁殖主管岗位人员实际完成工作质量情况具体制定。

7.3.3 繁殖技术人员职责与考核

7.3.3.1 繁殖技术人员职责

① 奶牛发情观察与发情鉴定。

② 冷冻精液保存与使用管理。

③ 检查繁殖疾病奶牛生殖道和卵巢。

④ 实施同期发情、同期排卵-定时输精和人工授精。

⑤ 治疗繁殖疾病。有些牛场繁殖疾病治疗也可归到兽医工作范围。

⑥ 记录和整理繁殖数据。计算机管理奶牛繁殖时，每日将奶牛繁殖记录输入计算机奶牛繁殖管理系统。

⑦ 协助繁殖主管分析繁殖结果，查找影响繁殖结果的原因。

7.3.3.2 繁殖技术人员考核

① 根据牛场制定的配种技术人员职责进行考核。

② 每日是否按照要求观察和记录奶牛发情。

③ 是否达到制定的奶牛繁殖性能指标。

④ 是否按照要求保存和使用冷冻精液。

⑤ 有些繁殖性能指标受奶牛营养水平、饲养管理或者疾病等因素影响较大，考核时仅供参考。这些指标包括：21 日妊娠率、繁殖疾病发生率、流产率以及因繁殖障碍淘汰牛的比例等。

7.3.4 繁殖技术人员的激励

为了激励奶牛繁殖技术人员工作热情和责任心，牛场可根据繁殖技术人员工作业绩进行奖惩。具体奖惩办法牛场可根据自己具体情况，结合繁殖技术人员实际完成工作的情况制定。

7.4 奶牛繁殖疾病的监控

奶牛繁殖疾病是影响奶牛繁殖效率的重要因素，因而奶牛疾病，特别是奶牛产后繁殖疾病的监控，对牛场提高奶牛繁殖性能具有重要意义。奶牛繁殖疾病可分为生殖道疾病和卵巢疾病。

7.4.1 生殖道疾病监控

奶牛产后生殖道监控包括以下指标：

① 生殖道拉伤、撕裂等情况。

② 胎衣滞留情况。

③ 产后 7 d 恶露排出情况。

④ 产后 15 d 黏液情况。

⑤ 产后 30 d 黏液情况。

⑥ 子宫和子宫颈恢复情况。

⑦ 产后 45 d 子宫炎、子宫积脓、子宫积液情况。

⑧ 子宫和输卵管粘连情况。

⑨ 青年母牛子宫和输卵管发育情况。如果外购青年母牛，应特别注意可能存在的异性双胎母牛。

奶牛生殖道疾病监控时，有些指标可以通过外部观察，而有些指标则需要经过直肠检查或者超声波检查。

7.4.2 卵巢疾病监控

奶牛产后卵巢监控包括以下指标：

① 卵泡与黄体发育。

② 卵泡囊肿与黄体囊肿。

③ 持久黄体。

④ 卵巢静止。

7.5 奶牛繁殖记录与繁殖结果分析

7.5.1 奶牛繁殖记录

奶牛场需要详细的繁殖记录，包括分娩与产犊、人工授精、繁殖疾病监控与治疗等记录。奶牛场繁殖记录十分重要，越详细越好，对奶牛的繁殖性能和人工授精结果分析，及时查找影响奶牛繁殖性能的因素等都具有重要意义。奶牛繁殖记录应包括以下主要内容。

7.5.1.1 **青年奶牛繁殖记录** 青年奶牛初情期后，繁殖记录重点内容见表7-5。

表7-5 青年牛繁殖记录主要内容一览表

序号	记录内容
1	初情期月龄
2	发情周期天数
3	发情接爬时间与次数
4	发情时黏液情况
5	配种时月龄、体重和体高
6	人工授精时间与次数
7	精液公牛号
8	人工授精后返情时间与症状
9	妊娠检查时间与结果
10	流产情况
11	预计分娩日期
12	产犊日期
13	犊牛性别和体重
14	双胎及异性双胎情况
15	助产情况
16	繁殖障碍的比例和原因
17	因繁殖淘汰情况

牛场繁殖技术人员可根据牛场的实际情况进行记录，记录越详细对分析青年牛繁殖结果帮助越大。

7.5.1.2　**泌乳母牛繁殖记录**　泌乳奶牛应从产犊时就开始繁殖记录，包括产犊、胎衣滞留、繁殖疾患、产后发情和人工授精等重点内容（表 7－6）。

表 7－6　泌乳母牛繁殖记录主要内容一览表

序　号	记录内容
1	产犊日期
2	犊牛性别和体重
3	是否双胎（或三胎）
4	助产情况
5	胎衣滞留与处理情况
6	恶露排出情况
7	30～45 d 黏液分泌情况
8	生殖道疾病及其治疗情况
9	卵巢疾病及其治疗情况
10	产后第一次发情时间
11	发情症状与黏液分泌情况
12	发情周期天数
13	同期发情或同期排卵-定时输精处理时间与程序
14	同期发情或同期排卵-定时输精处理药物
15	人工授精时间与次数
16	配种精液的公牛号
17	人工授精后返情时间与症状
18	妊娠检查时间与结果
19	流产情况
20	预计分娩日期
21	繁殖障碍比例和原因
22	因繁殖淘汰情况

牛场繁殖技术人员可根据牛场的实际情况进行记录，记录越详细对分析泌乳奶牛繁殖结果帮助越大。

7.5.2 奶牛繁殖记录常用表格

奶牛场繁殖技术人员应随时记录奶牛繁殖情况。可根据自己牛场实际情况，制作以下三种记录本。

7.5.2.1 奶牛发情观察记录本 牛场繁殖技术人员可参照图 7－2 的“奶牛发情观察与处理日志”记录本制作自己牛场的发情观察记录本。

奶牛发情观察与处理日志

单位（牛场）： 记录人

日期	发情牛号	发情症状	黏液情况	具体处理情况

图 7－2 奶牛发情观察与处理日志（图例）

7.5.2.2 奶牛繁殖配种记录本 牛场繁殖技术人员可参照图 7－3 的“奶牛繁殖配种日志”记录本制作自己牛场的配种记录本。

奶牛配种繁殖日志

单位（牛场）： 记录人员：

牛号	胎次	上次产犊日期	子宫与卵巢		人工授精						妊娠检查			产犊情况						
			子宫状态	卵巢状态	发情时间	配种时间	精液公牛号	配种次数	精液用量	配种人员	妊检日期	妊检结果	妊检人员	产犊日期	胎衣情况	产犊情况	犊牛性别	是否双胎	犊牛编号	备注

图 7－3 奶牛配种繁殖日志（图例）

7.5.2.3 奶牛繁殖疾病监控与治疗记录本

牛场繁殖技术人员可参照图 7－4 的“奶牛繁殖疾病监控与治疗日志”记录本制作自己牛场的繁殖疾病监控与治疗记录本。

奶牛繁殖疾病监控与治疗日志

单位（牛场）： 记录人：

日期	发病牛号	发病症状	诊断病因	治疗方案

图7-4　奶牛繁殖疾病监控与治疗日志（图例）

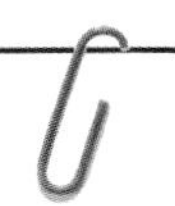

奶牛场有电脑管理软件进行繁殖记录，为何还需要纸质记录本？

1. 纸质记录可长期保存、随时查阅，对人员要求不高，不需培训。

2. 电脑管理软件的使用需要计算机等硬件设备，录入时要有一定的计算机基础，对人员要求较高。

3. 不同管理软件常不兼容，因而如果牛场使用不同的管理软件，则较麻烦。

4. 牛场繁殖纸质记录是计算机管理软件录入的基础材料。

7.5.3　配种记录数据分析与管理

为了评价奶牛繁殖性能和人工授精结果，考核配种技术人员工作业绩，奶牛场繁殖主管和配种技术人员应及时分析牛场奶牛繁殖结果，为提高奶牛繁殖效率提供依据。

7.5.3.1　**定期分析繁殖数据**　及时分析和总结奶牛繁殖记录和数据是奶牛场技术人员的责任。

① 每年年底分析上一年度奶牛的繁殖情况，制定下一年度牛繁殖指标。

② 每月分析当月繁殖指标和繁殖计划完成情况，包括产犊情况、繁殖疾病发病和治疗情况，参配牛情况、人工授精情况（参配率、情期受胎率和21日受胎率等）。

③ 每周分析本周母牛发情和配种情况、牛繁殖周计划完成情况等。

④ 每天分析当日牛配种工作完成情况。

7.5.3.2　**定期分析影响繁殖指标的因素**　至少每个月应定期分析影响奶牛繁殖性能指标的具体因素。

7.5.3.3　**制定改进繁殖指标的措施**　针对牛场繁殖指标和影响繁殖指标的主要因素，制定合理的改进措施并实施。

7.6　不同时期奶牛繁殖管理要点

7.6.1　犊牛和配种期青年牛的繁殖管理

7.6.1.1　**犊牛和后备牛的繁殖管理**　虽然犊牛培育期间没有具体的繁殖工作，但是犊牛和后备牛的饲养对随后的青年牛初配年龄等有重要影响。因此，在实际生产中，奶牛饲养户（场）和规模养殖场应重视犊牛和后备牛的饲养与培育工作。

青年母牛第一次初配时间和产犊时间与体重直接相关，犊牛、后备牛和青年母牛必须达到各个阶段的体重标准，否则第一胎产犊时间就会延迟，产犊时母牛体重较轻，产犊后繁殖能力也会降低。因此，注重犊牛和后备母牛培育，是提高奶牛场牛群繁殖力水平的重要前提。

体重是犊牛和后备牛培育结果的直接体现，因此应首先设定不同阶段犊牛和后备母牛应达到的体重。可每3个月一次利用磅秤测量犊牛和后备牛的体重，以调整犊牛饲养方案。荷斯坦犊牛和后备不同阶段牛应达到的体重因成年奶牛体重不同而异，具体见表7-7。

7.6.1.2　**青年母牛配种期的繁殖管理**　青年母牛开始配种的时间取决于青年母牛月龄和体重，一般情况下青年母牛可在14月龄、体重达到成年体重的75%左右时配种。

如果青年牛12～13月龄时体重到达成年体重75%，也可在配种，但是此时配种应选择难产率低的公牛精液，或者X-性控精液

（荷斯坦青年牛也可以选择娟姗牛公牛精液配种），以降低头胎青年母牛的产犊困难和难产。

表 7-7　荷斯坦犊牛和后备牛不同阶段应达到的体重指标

阶　段	体重（kg）				
成年母牛活体重	400	450	500	550	600
3月（断奶）	70	80	90	100	110
6月（成年母牛体重的30%）	120	135	150	165	180
9月	160	180	200	220	240
12月	200	225	250	275	300
15月（成年母牛体重的60%）	240	270	300	330	360
18月	290	330	365	400	440
22月（成年母牛体重的90%）	360	405	450	495	540

7.6.2　配种期泌乳母牛的繁殖管理

配种期泌乳母牛是指奶牛自愿等待期后开始配种的时期。产后泌乳母牛生殖机能逐渐恢复：妊娠子宫逐渐复原，卵巢卵泡开始发育并排卵，母牛恢复发情周期和相应性行为。对于大多数奶牛场，产后45～55 d母牛开始配种。此时期是奶牛繁殖的重要时期，因此牛群繁殖管理是繁殖技术人员的工作重点。

7.6.2.1　**观察发情**　发情是奶牛人工授精的前提，因此奶牛发情观察永远是牛场繁殖技术人员的工作重点。接受爬跨是母牛发情的标志，如图7-5所示。母牛具体发情观察方法参照3“发情鉴定”的相关内容。

图7-5　母牛稳定接受其他牛爬跨示例图

如何观察发情?

1. 母牛是否发情主要通过奶牛行为如兴奋、追逐爬跨其他母牛、接受其他母牛爬跨等表现出来，以母牛站立接受爬跨为判定发情的标准。因此，母牛发情观察主要观察母牛的行为表现。

2. 生产实际中，每天早、中、晚三次观察发情，每次每个牛舍（200 头母牛）观察时间不少于 30 min。如果牛舍母牛较多，则应相应增加观察时间。

7.6.2.2　**治疗生殖道和卵巢疾患**　此时期的大多数母牛生殖道已经恢复正常，生殖道疾患治疗虽然已不是繁殖的重点工作，但是还会有一定比例的母牛患有生殖道疾病和卵巢疾病。因此，应及时检查和治疗生殖道疾病和卵巢疾患的母牛（图 7－6）。

a

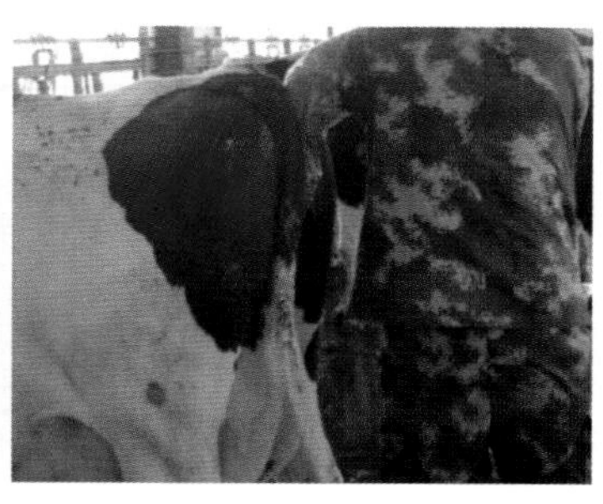

b

图 7－6　母牛繁殖性能检查

a. 分泌物含有脓块的母牛　b. 直肠触诊检查母牛生殖道和卵巢

生殖道和卵巢疾患的治疗详见“6　繁殖疾病防治技术”的相关内容。

如何检查和治疗有生殖疾患的奶牛?

1. 每天至少观察一次母牛躺卧时生殖道分泌物，包括颜色是否正常，是否有脓块或脓丝等。

2. 每周至少一次检查未见发情的母牛、生殖道和卵巢有疾患的母牛。

3. 兽医协商并实施治疗患有生殖道炎症（包括各类子宫炎和阴道炎）的方案和疗程。

4. 检查患有卵巢疾患的母牛，包括黄体囊肿（或持久黄体）、卵泡囊肿（或持久卵泡）、卵巢静止等，根据卵巢不同情况，确定治疗方案并实施治疗。

7.6.2.3 **人工授精配种** 目前，我国大多数奶牛场奶牛繁殖都是人工授精配种，因此人工授精是本阶段奶牛繁殖工作的重点。奶牛人工授精的具体方法见“4 人工授精”的相关内容。

小贴士

配种期人工授精应注意哪些问题?

1. 确定具体的人工授精方法，如自然发情配种、同期发情配种、同期排卵、定时输精配种，或者几种配种方法相结合。

2. 选择合适的优秀种公牛精液。选择种公牛精液时，在注重其生产性能育种值指数的同时，还应注意注重体型外貌指数和繁殖性能指数。青年牛配种时应选择难产率低的公牛精液。

3. 及时发现配种后返情母牛。

7.6.2.4 **妊娠检查** 奶牛配种应及时进行妊娠检查，妊检的具体

时间和方法见“6　繁殖疾病防治技术”的相关内容。

7.6.3　妊娠期母牛的繁殖管理

母牛配种妊娠后，本次繁殖配种工作就基本结束。但是还应该进行妊娠期繁殖管理工作，要点如下。

7.6.3.1　**预防流产**　自然情况下，妊娠后的奶牛发生流产的概率较低，但是随着妊娠时间的延长，胎儿发育和胎盘与胎水等增加，母牛行动迟缓，如果饲养管理失当，还是可能引起妊娠母牛流产。同时，无论是妊娠早期还是妊娠后期，如果母牛已经出现了流产症状，一般情况下，治疗和补救措施可能都无济于事，因此预防妊娠母牛流产至关重要。

引起母牛流产的因素很多，如疾病（布鲁氏菌病、牛传染性鼻气管炎）、霉菌毒素（如霉变饲料）、应激等。

哪些疾病可引起妊娠母牛流产?

1. 可引起妊娠不同阶段母牛流产的疾病。

（1）细菌性疾病。

① 布鲁氏菌病，临床流产多发生于妊娠5～8个月，母牛流产1～2次后，可以变为正常分娩。

② 环境性致病菌。化脓性放线菌、芽孢杆菌、链球菌等环境性致病菌通过孕牛循环系统进入胎盘和胎犊。

③ 钩端螺旋体、李氏杆菌、睡眠嗜血杆菌、支原体等。

（2）病毒性疾病。

① 牛病毒性腹泻病。全程均可感染。

② 传染性牛鼻气管炎病。引起的流产常发生于妊娠4个月至足月之间。

③ 犬新孢子虫病。

(3) 支原体。

(4) 遗传缺陷病如牛脊柱弯曲综合征等。

2. 如果怀疑是疾病引起的牛流产，应及时确定引起流产的病原，并根据病原确定治疗或淘汰方案。

生产实际中，母牛相互顶撞也可引起流产，特别是妊娠后期母牛腹部受到顶撞而又无法躲避时，最容易引起流产。固定在食槽颈夹中的妊娠母牛，应注意防止受到其他母牛的顶撞。妊娠母牛转群时应采取一批多头母牛同时转群的方式，避免1头母牛转入其他牛群受到攻击而引起流产。

生产中，如发现配种确定妊娠的母牛发情，应及时进行直肠检查。如果妊检母牛妊娠，则不用对母牛做任何处理；如果妊检没有继续妊娠，则应及时处理并再次进行人工授精。

妊娠母牛是否可能有发情表现?

1. 实际生产中，有些母牛配种妊娠后有发情症状如接爬等，特别是在妊娠早期（1～4个月），3%～5%的妊娠母牛可能有发情表现，但一般来说发情持续时间较短。

2. 引起妊娠母牛发情的原因较复杂，可能由生殖激素分泌失调和外界因素造成。

3. 虽然妊娠母牛有发情症状，其卵巢上也可能有卵泡发育，但是一般不会形成优势卵泡发育和排卵。

4. 对于疑似发情的妊娠母牛，在处理前必须做妊娠检查。

7.6.3.2 **及时干奶与妊检** 妊娠泌乳母牛准备干奶前1周，直肠触诊再次进行妊娠检查。

妊娠后期母牛如何进行妊娠检查?

1. 妊娠 6 个月的胎儿完全沉入母牛腹腔，因此直肠触诊很难摸到子宫、胎儿或者子叶。

2. 可感觉子宫颈明显前移到耻骨前端。

3. 可直肠触诊检查妊娠中动脉的脉冲式血流，感触其血流速度和强度。

7.6.3.3 **避免注射疫苗** 有些疫苗可引起妊娠母牛流产，如口蹄疫疫苗可引起妊娠后期（4～7 个月）母牛流产，因此妊娠母牛注射免疫疫苗时应特别注意。

哪些疫苗可引起流产?

弱毒活苗类和反复使用革兰氏阴性细菌疫苗会引起母牛流产，如大肠杆菌疫苗、沙门氏菌疫苗等，而部分灭活苗免疫时也应选择母牛分娩后，如牛传染性鼻气管炎疫苗和牛病毒性腹泻灭活苗应在母牛分娩后 30 d 左右接种。

7.6.4 围产期母牛的繁殖管理

围产期是指奶牛分娩前 3 周和分娩后 3 周的时间，分娩前 3 周为围产前期，分娩后 3 周为围产后期。在围产期，奶牛机体发生一系列剧烈的生理变化，包括胎儿快速生长、分娩、泌乳以及生殖道和卵巢机能恢复等，而这些生理过程都可能对母牛以后的繁殖产生影响。因此，这一阶段的奶牛繁殖管理工作对奶牛繁殖性能具有重要影响。

7.6.4.1 **围产前期母牛的繁殖管理** 围产前期妊娠母牛处于干奶后期，此时期母牛繁殖管理工作的重点如下。

（1）预防早产 随着胎儿进一步发育，围产前期母牛腹围逐渐增大，行动迟缓，此时应预防母牛相互顶撞而引起母牛早产。

（2）加强营养 围产前期母牛应补充低钾、低钙饲料，减少产前和产后乳房水肿，还应该提供足量的维生素 A、维生素 D、维生素 E（也可肌内注射），以预防胎衣不下。

（3）准备产房 牛场应有单独的产房（分娩舍）。产房可采用沙土或者麦秸（稻草）铺垫地面（图 7－7 和图 7－8）。牛场产房应保持清洁、卫生，母牛分娩前产房地面应及时彻底消毒。

图 7－7 铺垫沙土的产房示例图

图 7－8 铺垫稻草的产房示例图

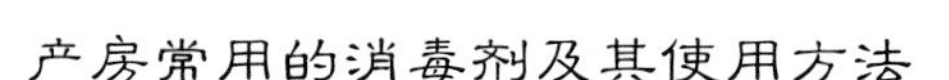

产房常用的消毒剂及其使用方法

1. 地面、圈舍消毒常用氢氧化钠或过氧乙酸，产房用具（如助产器械等）使用新洁尔灭或高锰酸钾浸泡消毒，牛体外伤口和犊牛脐带消毒可用碘酒。

2. 常用消毒剂使用方法如下。

（1）氢氧化钠 配制成 2%～3% 的溶液消毒圈舍、地面、食槽等，可杀灭细菌、病毒和寄生虫卵等。

(2) 过氧乙酸　配制成0.3%～0.5%的溶液消毒圈舍、地面、食槽等。

(3) 新洁尔灭　0.1%～0.2%溶液可用于产房用具浸泡消毒。

(4) 高锰酸钾　0.01%的溶液可用于饮水消毒，0.2%～0.5%的水溶液可用于浸泡消毒。

(5) 碘酊　伤口消毒常使用0.5%～2%的碘酊，犊牛脐带消毒使用5%的碘酊浸泡。

(4) 转入产房　待产母牛应及时转到产房。可在预产期前1～2周将母牛转移到产房，以使其适应产房环境。如果牛场产房较小时，也可在母牛出现分娩症状时再将其移入产房。

7.6.4.2　分娩时管理要点

(1) 及时发现分娩症状　母牛临产前其生理和行为等发生一系列的变化，这些变化有助于管理人员及早发现临近分娩的母牛。母牛在分娩前3～7 d，子宫栓溶解，开始时阴门流出黏稠的白色黏液(图7-9)，随着分娩的启动，黏液变得稀薄、透明。临产母牛采食量下降，喜独处。乳房进一步水肿而充盈，乳头基部红肿，表面光亮，临产前4～5 d可挤出少量清亮胶样液体，产前2～3 d可挤出黄色、较黏稠的初乳(图7-10)。

图7-9　临产前母牛阴门流出的黏液示例图

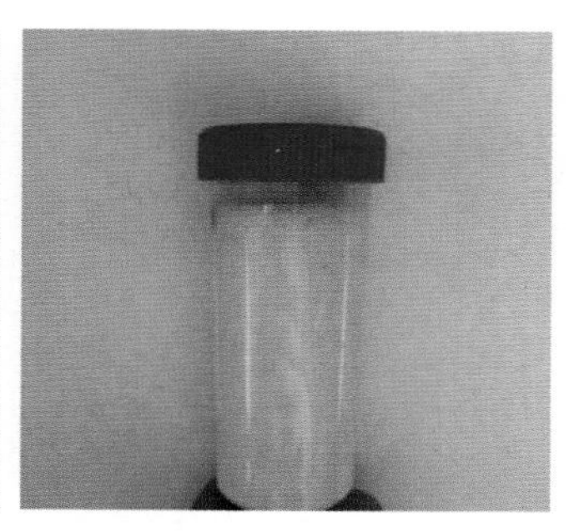

图7-10　临产前母牛乳房挤出的牛奶

临产前的母牛焦躁不安，频频举尾或者频频排尿、排粪（图7-11），或者不时回顾自己腹部（图7-12）。

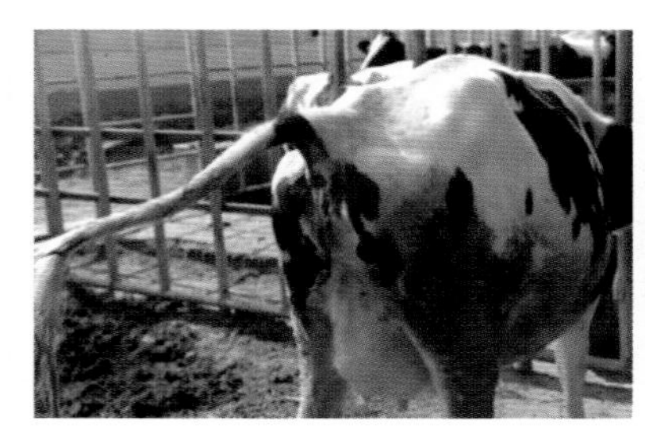

图7-11 母牛频繁举尾排粪排尿示例图

图7-12 母牛因疼痛而回顾自己腹部示例图

（2）准备接生器械、用品和消毒药品　母牛出现临产症状后，接生人员应及时准备接生的器械和消毒药品。

接生器械包括助产器（图7-13）、剪刀、长镊子。如果可能，还应该准备一套外科手术器械备用。

用品包括产科绳、塑料长臂手套、消毒桶等（图7-14）。产科绳可放入1%～2%的米苏尔，或者0.2%～0.5%的高锰酸钾浸泡10～20 min备用。

图7-13 牛用助产器示例图

图7-14 产科绳和消毒桶示例图

消毒药品包括新洁尔灭（或高锰酸钾）、5%的碘酒、84 消毒液等。

不同消毒剂的使用应注意的问题

1. 应注意根据不同的消毒剂类型及消毒对象配制相应的使用浓度，不可过量使用。

2. 根据不同消毒剂类型，最好现用现配，且应定期更换消毒剂种类，交叉使用。

3. 不同消毒剂类型不可混合使用，避免因酸碱性、药物成分反应而影响消毒效果。

4. 注意不同消毒剂的保存环境和有效期。

（3）正确接产和助产　分娩是奶牛繁殖后代的自然生理过程，因此，一般情况下，母牛都可以自己完成分娩过程而无需人为干预。图 7－15 显示了母牛自然分娩的过程。

但是由于胎儿过大，特别是头胎青年母牛胎儿过大，或者胎位、胎势不正，母牛自然分娩有困难时，需要进行人工助产。

如果母牛难产，则应及时通知牛场兽医师及时处理。

人工助产时，适当的助产时机是保证母牛顺利分娩和犊牛成活的关键。如果助产太早，母牛的产道（硬产道和软产道）可能还未完全开张，犊牛躯体主要部分还在子宫深部，此时助产强行往外拉犊牛，就可能损伤母牛生殖道（子宫、阴道和阴门），甚至造成子宫脱垂。而过早助产还可能影响产后胎衣脱落。如果助产过晚又可能造成犊牛窒息而死亡。

因此，母牛在分娩过程中出现下列情况的，应及时人工助产。

- 出现分娩症状 5～6 h 后仍未娩出犊牛的。
- 明显努责（阵缩）发生后 3～4 h 的。

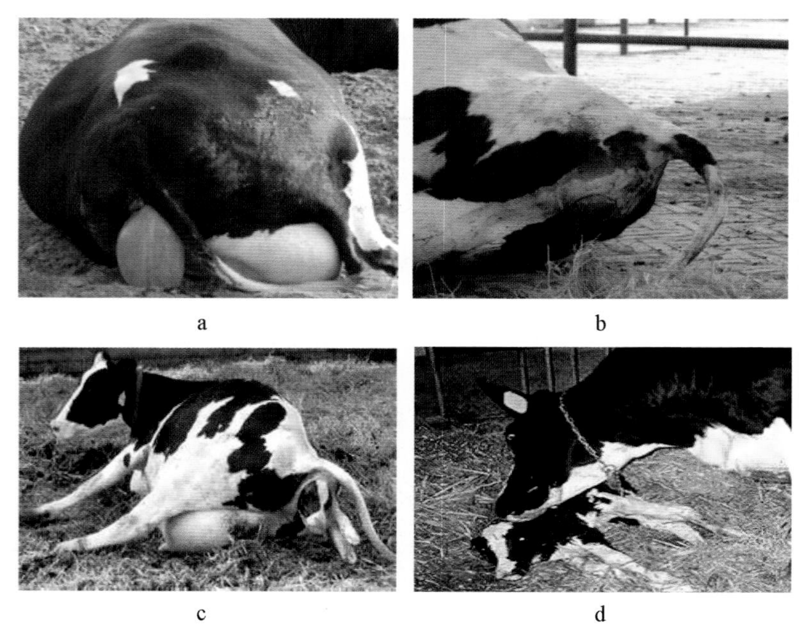

图 7－15　牛自然分娩过程示例图

a. 部分尿囊排出阴门外　b. 母牛努责，将尿囊排出阴门外

c. 犊牛头和前肢排出阴门外　d. 母牛分娩出活的犊牛

- 尿囊破裂后 2～3 h，或者羊膜破后 1 h 未娩出犊牛的。
- 犊牛前肢（或后肢）露出外阴后 1 h 未娩出犊牛的。
- 分娩时检查胎位不正的（如前肢或后肢向后弯曲卡在骨盆腔内住等情况）。

人工助产可分为使用助产器助产和不使用助产器助产。

下面以犊牛前置、顺产助产为例说明不使用产器助产过程和应注意事项（图 7－16）。

- 助产人员将产科绳一端固定在露出外阴的犊牛前肢球节上端部位。
- 将产科绳后端固定在其他粗绳子上以供助产人员向外拉犊牛。

● 助产人员随着母牛努责顺着母牛产道方向用力向外拉犊牛。

● 一名助产人员可将阻止犊牛头的阴门用力向母牛身体方向拉，以使得犊牛头最宽的额部能及时娩出阴门外。

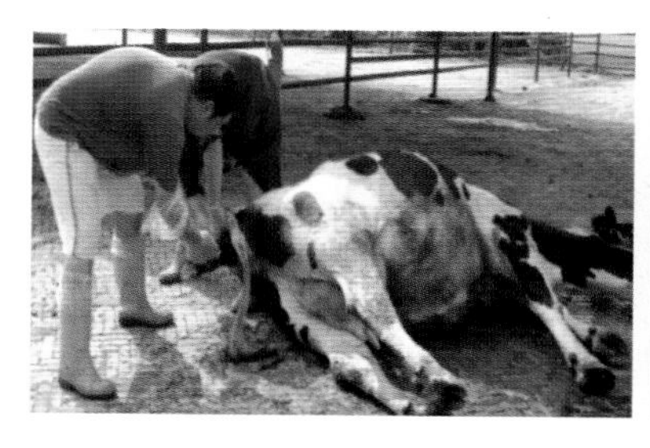
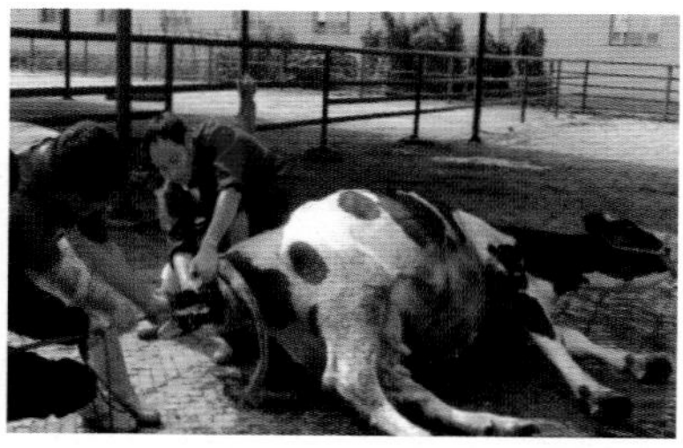

图 7－16 不使用助产器人工助产示例图

小贴士

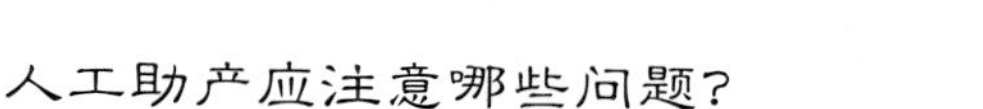

1. 直肠检查母牛产道开张情况，特别是硬产道（骨盆）的开张情况；检查犊牛情况，包括犊牛胎势、胎位和大小等。如果检查人员手臂从产道检查胎儿和产道情况，应特别注意消毒。

2. 用产科绳固定犊牛前肢时应注意不能伤及牛舌头。

3. 助产人员应随着母牛努责，顺着产道方向用力向外拉犊牛，所有助产人员用力应一致，且持续用力，切忌猛然用力向外拉犊牛。

4. 助产人员应先用力将阻止犊牛额部的外阴向母牛身体方向拉，以便犊牛头最宽的额部能及时娩出阴门。

5. 如果犊牛头部最宽处始终无法娩出外阴时，可使用外科剪刀侧剪开外阴，以使牛头部尽快娩出，分娩后将切口缝合并消毒。

下面以犊牛前置、顺产助产为例说明使用助产器助产过程和应注意事项（图 7－17）。

● 助产人员分别将金属产科链一端固定住露出阴门外的犊牛两个前肢球节上端部位，另一端固定在助产器前进（后退）结构上，助产器抵靠在母牛肛门和外阴处的后躯处并固定好（图 7－17a 和 b）。

● 助产人员随着母牛努责顺着产道方向向后缓慢拉动开关，使犊牛娩出外阴。顺着母牛产道方向用力向外拉犊牛（图 7－17c 和 d）。

图 7－17　助产器人工助产示意图

母牛难产时应及时通知牛场兽医，其接生与助产按照兽医要求处理，在此不再赘述。

（4）消毒外阴和创口　母牛分娩后，用 0.1%～0.2%新洁尔灭消毒母牛外阴和后驱，0.1%～0.2%新洁尔灭或生石灰喷洒消毒产房地面。如果母牛阴门有撕裂或裂口（图7－18）等情况，可用5%碘酊消毒创口。如果创口较大，应该进行外科手术缝合。

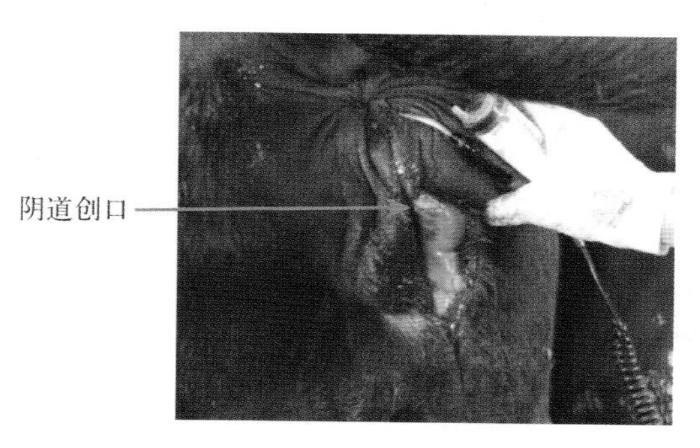

图7－18 母牛产后生殖道损伤检查和治疗

（5）补充水分和营养物质 母牛分娩过程中消耗较多体能体液，因此分娩后应及时补充水分和营养物质，以使母牛尽快恢复体能。

母牛分娩后1 h内可在20 kg温水（38 ℃左右）中添加2～3 kg麦麸皮和一袋灌服料让母牛自由饮用。

图7－19 产后灌服营养液示例图

母牛分娩后2 h内可利用瘤胃灌服器一次性瘤胃灌服营养液20～40 kg（图7－19）。营养液主要包括丙二醇、水和矿物质等，具体配方参见表7－8。但该表仅仅是推荐配方，各个牛场可根据自己的实际情况和经验，确定适合自己牛场的灌服液配方和灌服量，也可以购买相关的商品。

表 7-8 奶牛产后灌服营养液配方

原　料	用　量	原　料	用　量
丙二醇	500 mL	益康 XP	350 g
氯化钾	100 g	硫酸镁	200 g
小苏打	50 g	食盐	50 g
丙酸钙	450 g	阿司匹林	100 g
益生酵母	300 g	温水（30 ℃）	20～40 kg

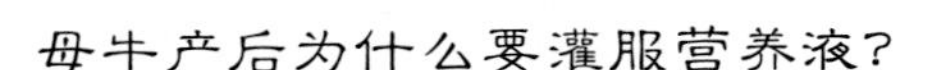

1. 补充营养物质能量，促进母牛恢复体能和体力。
2. 促进产后胎衣排出，预防产后疾病。
3. 预防产后母牛真胃移位。

7.6.4.3　围产后期母牛的繁殖管理　母牛围产后期（产后 1～20 d）繁殖管理工作重点如下。

（1）观察胎衣排出情况　母牛产后 1 d 内应随时观察母牛胎衣排出情况和排出胎衣的颜色。正常情况下，母牛分娩后（犊牛产出后）1～12 h 排出胎衣。如果产后超过 12 h 胎衣未脱落的，即为胎衣不下。为了预防胎衣不下，母牛产后 6 h 胎衣未下时，可肌内注射缩宫素注射液，以促进胎衣排出。

（2）处理胎衣不下的母牛　如果胎衣不下应及时处理母牛，处理方法如下。

● 手术剥离　母牛产后胎衣不下时可手术剥离。剥离方法是术者一只手通过子宫颈颈口进入妊娠子宫角，用拇指将每个胎儿胎盘子叶与子宫阜剥离，而另外一只手握住露在体外的胎衣，适当用力向外拉胎衣，直至将整个或大部分胎衣剥离出来。手术剥离胎衣应由有经验的专业兽医操作。但是试验证明，母牛胎衣不下时手术剥离会损伤子宫，对产后发情和配种妊娠有不利的影响，因此目前规模奶牛场都不再进行胎衣剥离操作。

● 灌注高渗生理盐水　产后胎衣不下时可向母牛妊娠子宫角灌注 10%生理盐水 500～1 000 mL。

● 自然脱落　一般情况下母牛胎衣不下都是部分胎衣滞留，经过一定的时间可以自己脱落并排出体外。但是，胎衣不下自然脱落时，应防止母牛子宫感染和继发全身感染，特别是在南方炎热夏季时应预防胎衣不下引发母牛败血症。

（3）测量母牛体温与处理　母牛产后 1～2 d 应测量体温。图 7-20 是根据体温测量结果对产后母牛进行不同处理的参考。

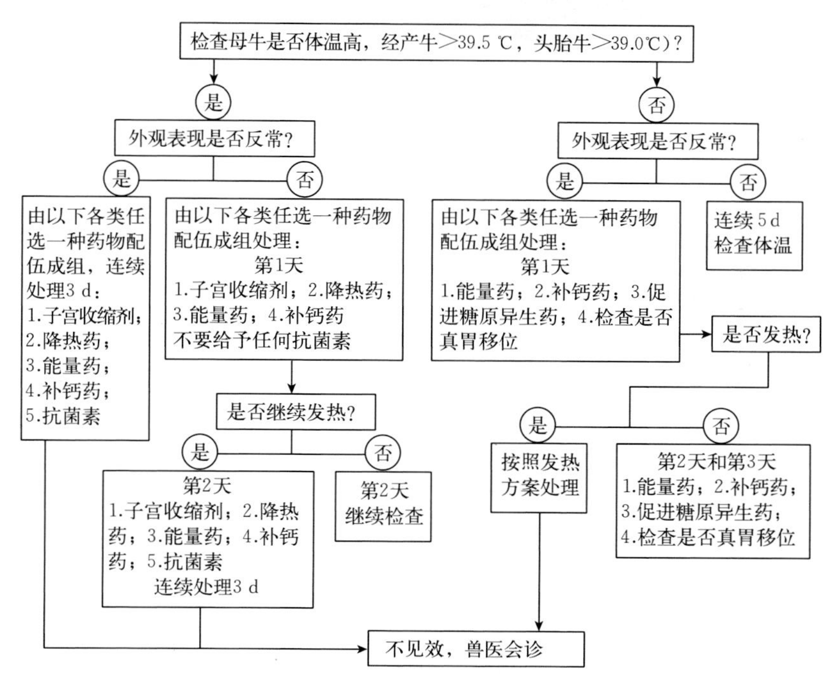

图 7-20　母牛产后体温监护程序

（4）观察恶露排出情况　母牛产后 7 d 内应观察恶露排出情况。母牛产后 1～5 d 恶露呈红褐色，以后逐渐变为淡黄色，最后为无色透明分泌物（图 7－21）。如果恶露排出时间延长，或恶露颜色变暗、有异味，说明生殖道感染，应及时检查和处理产后母牛生殖道。

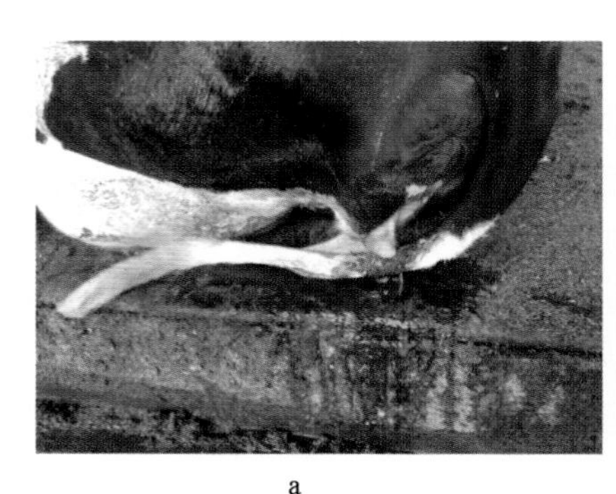

a

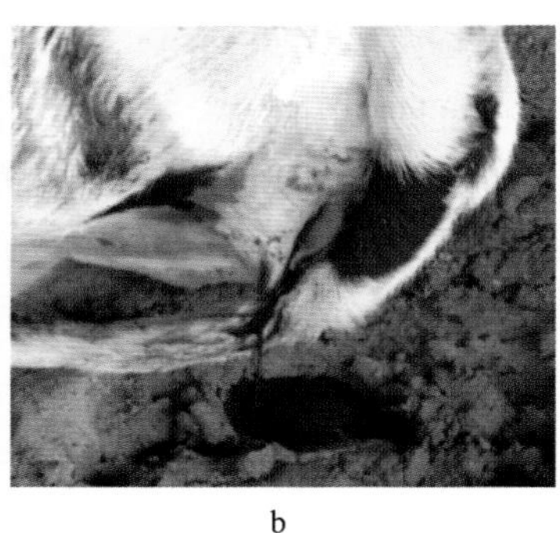

b

图 7－21　产后母牛恶露排出情况

a. 产后 3 d 母牛恶露和阴门外部分胎衣　b. 产后 5 d 的恶露

小贴士

母牛产后是否应该子宫灌药治疗?

1. 母牛产后生殖道炎症是否灌注药物治疗，存在一定的争议。现在规模牛场一般很少灌注药物治疗子宫疾病，这是因为：

① 灌注入子宫内的抗菌素在子宫各层组织的分布状况并不清楚。

② 氨基甙类抗菌素（如链霉素和庆大霉素等）需要有氧环境方能奏效。

③ 坏死组织和脓性分泌物降低磺胺类药物和氨基甙类抗菌素的作用。

④ 子宫内大量微生物产生β-内酰胺酶抑制青霉素族和头孢霉素类药物活性。

⑤ 链霉素和四环素类药物对子宫内膜均有非常强烈的刺激作用。

⑥ 硫酸庆大霉素抑制离体子宫肌的自主收缩。

⑦ 子宫内灌注抗菌素会抑制白细胞的吞噬功能。

⑧ 子宫内灌注抗菌素可能造成新的感染，或延滞子宫复旧。

⑨ 目前尚未确定子宫内灌注抗菌素后的弃奶时间。

2. 牛场可根据自己的实际情况和经验确定子宫炎症母牛的治疗方案。

（5）观察黏液排出情况　围产期母牛恶露排出后，生殖道分泌物逐渐正常，应每天至少一次观察每头产后母牛生殖道分泌物情况，包括分泌物颜色、气味等。如果母牛分泌物有脓块（图 7-22）、脓丝等，应及时处理和治疗。

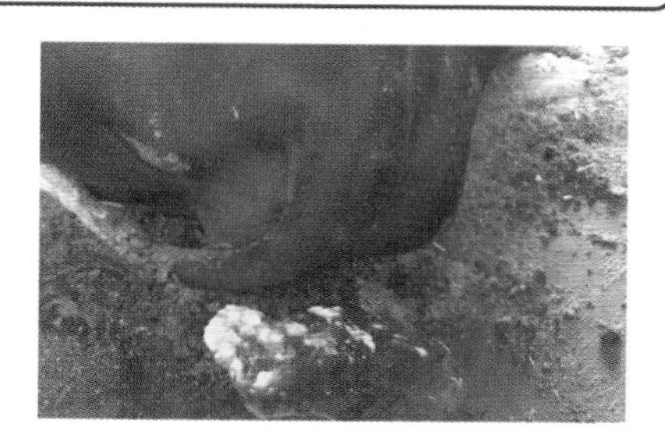

图 7-22　产后母牛生殖道分泌物情况

7.6.5　产后 20～45 d 母牛的繁殖管理

母牛产后 20～45 d 生殖道（子宫和阴道）机能和形状仍处于恢复之中，母牛产后出现第一次卵泡发育和排卵，但是常处于静默发情而没有发情表现。一般奶牛场此阶段奶牛都处于自愿等待期，因而本期奶牛繁殖管理工作的重点是预防和治疗生殖道炎症及卵巢疾患和观察发情。

7.6.5.1　预防和治疗生殖道炎症

（1）观察母牛黏液分泌情况　每天应至少一次观察母牛静卧时阴门流出黏液情况或者观察尾根下侧黏附黏液情况。包括黏液量、颜色和气味等。

（2）检查生殖道恢复情况　每头牛应至少 1 次直肠触诊检查子宫恢复情况。

（3）预防和治疗生殖道炎症　母牛生殖道炎症包括子宫炎症和阴道炎症，以子宫炎症为主。子宫炎症包括子宫积脓、子宫积液、子宫内膜炎（包括卡他性子宫内膜炎和隐形子宫内膜炎）等。预防母牛产后子宫炎症的原则是防止产犊、助产时生殖道感染和胎衣不下时生殖道感染。

很多方法可以判断母牛生殖道是否发生炎症感染，不同牛场可根据自己的实际情况选择合适的检查和检验方法进行诊断。例如可用 4%氢氧化钠溶液与子宫分泌黏液在试管内煮沸后冷却，根据颜色判定隐形子宫内膜炎。

治疗子宫炎症的原则是消炎和促进子宫机能恢复，可以使用西药，也可以使用中药制剂，不同牛场和不同技术人员不尽相同。具体治疗见“6　繁殖疾病防治技术”相关内容。

7.6.5.2　**观察母牛发情**　约 45%的母牛产后 25 d 开始第一次发情，卵巢上卵泡发育并排卵，但是有较大比例的母牛产后第一次发情常处于静默发情而没有发情表现。正常情况下，产后 50 d 内 95%以上的母牛至少发情一次（图 7－23）。

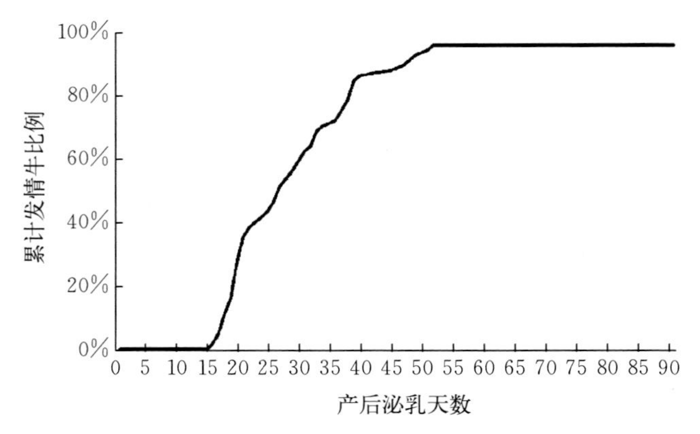

图 7－23　母牛产后发情时间分布

影响母牛产后发情表现的主要因素?

有时产后母牛虽然卵巢卵泡发育并成熟排卵，但是无发情表现（静默发情）或发情症状较弱，很容易造成发情漏检。影响产后母牛发情表现的因素有以下几个。

1. 运动场和牛舍地面。运动场和牛舍水泥等硬地面与泥土（或草地）运动场比较，母牛发情持续时间、站立接爬时间和接爬次数等发情行为明显降低。

2. 产奶量。高产奶牛母牛比低产奶牛发情持续时间、站立接爬时间和接爬次数等明显降低。

3. 其他因素。如热应激、乳房炎、生殖道疾病、肢蹄病等都可能降低产后母牛的发情表现症状。

7.6.5.3 **预防和治疗卵巢疾患** 直肠触诊检查母牛卵巢活性和卵巢卵泡发育情况，如果出现卵巢囊肿（卵泡囊肿和黄体囊肿），应及时治疗。

7.6.6 产后 45～150 d 母牛的繁殖管理

产后 45～150 d 是奶牛配种阶段，此阶段的重点工作见“配种期泌乳母牛繁殖管理”。

7.6.7 产后未发情母牛的繁殖管理

产后 60 d 以上未发情牛的母牛应及时检查和处理。直肠触诊检查每一头未见发情母牛的生殖道恢复情况，观察生殖道黏液分泌情况，检查卵巢活性（卵泡与黄体发育）。

如果母牛生殖道分泌黏液异常，应及时对症治疗。如果母牛生殖道和黏液正常，可采取同期发情技术，或者同期排卵-定时输精技术处理母牛，使其发情配种。

7.6.8 未参配母牛的处理

直肠触诊检查每一头产后 120 d 以上未参配母牛，确定每一头未参配母牛的具体原因，并针对每一头未参配母牛的实际情况，采取不同的处理方法，使其尽快参加配种。

7.6.9 久配不孕母牛的繁殖管理

直肠触诊检查每一头产后配种 5 次以上而未妊娠的母牛，根据每一头久配不孕母牛生殖道和卵巢等实际情况及时采取对症处理和治疗方案。同时，根据实际情况，提出久配不孕母牛是继续治疗还是淘汰的处理意见。

7.6.10 流产母牛的繁殖管理

奶牛配种妊娠后流产不仅给奶牛场造成很大的经济损失，而且也是繁殖配种工作的极大挑战。因此，及时发现和处理流产母牛，使其尽早再次配种妊娠是流产母牛繁殖管理重要工作。

7.6.10.1 **分析母牛流产的原因** 引起妊娠母牛流产的因素很多，如疾病引起的流产（细菌感染如布鲁氏菌、钩端螺旋体、李氏杆菌、睡眠嗜血杆菌、支原体等；病毒感染如牛病毒性腹泻、传染性牛鼻气管炎等）、有毒有害物质（霉菌毒素如玉米赤霉烯酮和毒素黄曲霉菌毒素等、麦角碱、亚硝酸盐和硝酸盐等）引起的流产、应激（如热应激和顶撞）引起的流产等。因此，应具体分析每一头母牛流产的原因。

为了确定母牛流产原因，也可将流产胎儿和胎衣送到相关实验室检测确诊。

7.6.10.2 **预防和治疗流产母牛感染** 一般情况下，妊娠前 3 个月流产的母牛，一般生殖道不会感染，母牛流产后再次发情时可以人工授精配种；妊娠 7 个月左右流产时，应观察胎衣脱落情况，如果胎衣不下，或者生殖道感染，可子宫灌注药物治疗。

7.6.10.3 **防止人员感染** 检查和处理流产母牛生殖道和流产胎儿、胎衣时，应佩戴长臂乳胶或塑料手套，防止人员感染。

7.6.10.4 **淘汰流产母牛** 如果多次习惯性流产，或年龄较大，或生产水平较低的流产母牛，应及时淘汰。

思考与练习题

1. 简述情期受胎率和21日妊娠率的区别。
2. 如何制定适合自己牛场的繁殖性能指标?
3. 不同时期母牛繁殖管理的重点是什么?
4. 繁殖技术人员的主要职责包括哪些?
5. 完整繁殖记录的意义?

胚 胎 移 植

［简介］胚胎移植是奶牛繁殖和育种的重要技术手段。本部分介绍了牛胚胎移植的原理和方法，重点介绍了牛体内、外胚胎生产与移植技术的主要操作过程。

8.1 概念与原理

8.1.1 胚胎移植概念

牛胚胎移植技术是指将良种母牛体内或体外生产的早期胚胎移植到生理状态相同的母牛子宫内，使其发育成正常胎儿和后代的繁殖技术，其中，提供早期胚胎的母牛称为供体母牛，接受胚胎移植的母牛称为受体母牛。

8.1.2 胚胎移植原理

8.1.2.1 胚胎移植的生理学基础

（1）无论受精与否，在相同的发情周期时期（发情周期第 13 天前），供体和受体母牛的生理状态一致，生殖器官（子宫）的变化相同。

（2）早期胚胎处于游离状态，可以被冲出或移入子宫。

（3）移植后不存在免疫排斥，胚胎可以在受体子宫内存活并正常发育至分娩。

（4）移植胚胎的遗传特性不受受体牛的影响。

8.1.2.2 胚胎移植的基本原则

（1）生理和解剖环境相同原则　胚胎在移植前后所处的环境应基本相同，这就要求供体牛和受体牛在分类学上属性相同、发情时间一致、生理状态相同，移植部位也应与所取胚胎的解剖部位一致。

（2）时间一致性原则　牛非手术胚胎采集和移植都必须保证胚胎处于游离状态、周期黄体开始退化前、胚胎适合冷冻保存等条件，因此牛非手术移植时间通常在发情后的 6～7 d。图 8－1 标出了牛发情后不同时间胚胎的发育阶段和在生殖道内所处的位置。

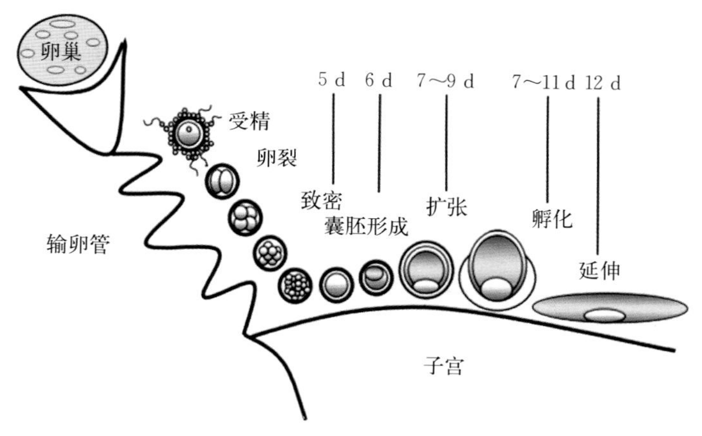

图 8－1　牛胚胎（卵子）在生殖道内运行及其发育阶段示意图

（3）无伤害原则　胚胎在体内、外操作过程中不应受到不良环境因素的影响和损伤，包括化学损伤、有毒有害物质损伤、机械损伤、温度损伤和射线损伤等。

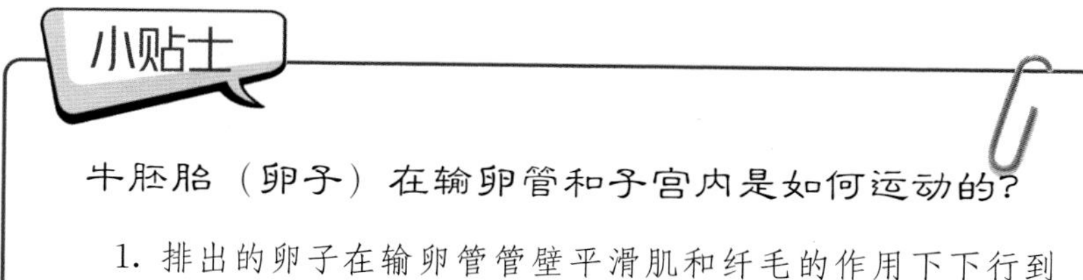

小贴士

牛胚胎（卵子）在输卵管和子宫内是如何运动的？

1. 排出的卵子在输卵管管壁平滑肌和纤毛的作用下下行到输卵管壶腹部（受精最佳部位）。

2. 无论受精与否，卵子（胚胎）在输卵管管壁平滑肌和纤毛等的作用下继续下行到达峡部并短暂停留，然后通过宫管结合部到达子宫角前端。

3. 如果一切正常，则牛受精后 12 d 孵化的胚胎逐渐与子宫内膜建立联系，最后附植在子宫角内。

8.1.3 胚胎移植分类

根据胚胎生产方式或来源的不同，胚胎移植可分为体内胚胎生产与移植和体外胚胎生产与移植两种类型（图 8－2）。

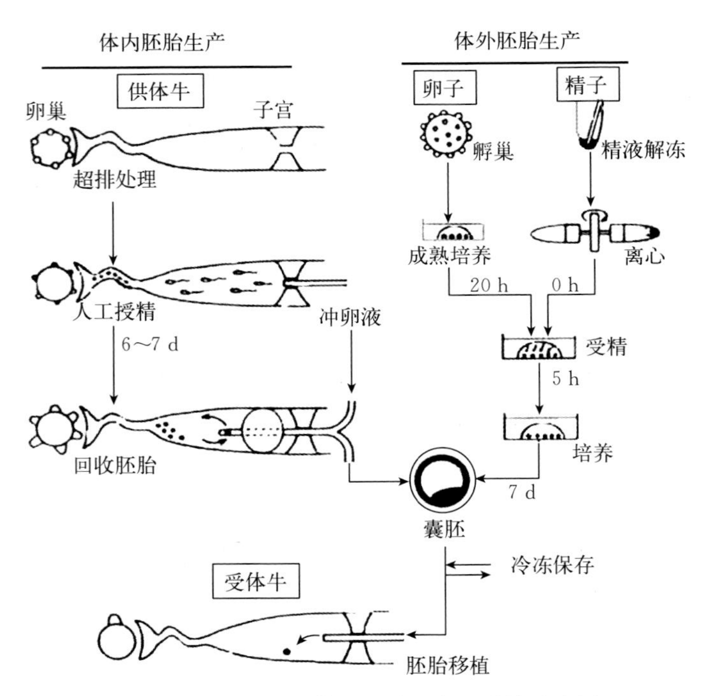

图 8－2　牛体内、体外胚胎生产及移植示意图

小贴士

体内胚胎生产和体外胚胎生产的区别

1. 体内胚胎生产时精子和卵子在牛体内受精，受精后的（卵子）胚胎在输卵管和子宫内发育，而体外胚胎生产时精子和卵子在体外受精，受精后的（卵子）胚胎自体内发育改为在培养箱内发育，故亦称“试管胚胎”。

2. 体内生产的胚胎冷冻保存效果和移植成功率都高于体外生产的胚胎。

8.1.4 胚胎移植技术的优势

胚胎移植技术在养牛生产中得到广泛应用，与人工授精技术相比，其技术优势体现在以下几个方面。

（1）提高母牛繁殖潜力。

（2）加快优秀高产母牛的遗传扩繁。

（3）保存牛遗传资源。

（4）引进种质资源。与活畜和冷冻精液（冻精）引种相比，具有较大的优势，详见表 8-1。

表 8-1 牛不同引种方法的比较

引种方法	优　点	缺　点
活畜	繁殖快 利用早	数量限制，成本高 存在引进疫病的危险 运输麻烦
冻精	数量大、成本低 传染疫病的危险性小 运输方便	不能引进纯种牛
胚胎	传染疫病的危险性小 数量大，成本较低 运输方便	需要胚胎移植技术和受体母牛 与活畜相比，繁殖时间长

8.2 牛体内胚胎生产与移植

牛体内胚胎生产与移植是指利用外源激素超数排卵处理供体母牛，使母牛比自然状态下排出更多的卵子，人工授精后一定时间非手术从子宫采集胚胎，然后将胚胎（新鲜胚胎或者冷冻-解冻胚胎）移植给受体母牛的过程。

体内胚胎生产与移植过程包括供体和受体母牛选择、供体和受体母牛同期发情、供体母牛超数排卵、供体母牛人工授精、胚胎采集、胚胎冷冻保存和胚胎移植等过程。

8.2.1 供体和受体牛选择

8.2.1.1 供体牛的选择与管理 供体牛的选择和饲养管理是体内胚胎生产的关键。供体牛的选择标准与饲养管理见表 8-2。

表 8-2 供体牛选择标准与饲养管理

项 目	内 容
遗传性能	① 具有完整的谱系 ② 生产性能（泌乳性能）优秀。如果是青年牛供体，则其全基因组检测生产性能优良 ③ 肢蹄、乳房等体型结构良好
年龄	① 15 月龄以上的青年母牛 ② 1～3 胎、产后 60～120 d 的泌乳母牛
繁殖性能	① 生殖道和卵巢机能正常 ② 超排前至少具有两个正常发情周期
健康状况	① 无传染性疾病，无子宫炎、乳房炎和肢蹄病 ② 无遗传缺陷疾病 ③ 体况适中，体况评分在 3～4
饲养管理	① 饲料日粮营养平衡，超排期间供体牛的体重应处于增重阶段 ② 减少应激反应 ③ 补充一定量维生素 A、维生素 D 和维生素 E 等

8.2.1.2 受体牛选择与饲养管理 受体牛的选择和饲养管理见表8-3。

表8-3 受体牛选择标准与饲养管理

项 目	内 容
遗传性能	① 生产性能一般 ② 体型较大，后驱应相对发达，特别是黄牛做受体时应保证胚胎移植后代无难产现象
年 龄	① 16月龄以上的青年奶牛，黄牛青年牛应在17月龄以上 ② 1～3胎、产后60～120 d的母牛，黄牛应结束哺乳犊牛1个月以上
繁殖性能	① 生殖道和卵巢机能正常 ② 移植前至少具有两个正常发情周期
健康状况	① 无传染性疾病，无子宫炎、乳房炎和肢蹄病 ② 体况适中，体况评分在3～4
饲养管理	① 饲料日粮营养平衡，胚胎移植期间受体牛的体重应处于增重阶段 ② 减少应激反应 ③ 补充一定量维生素A、维生素D和维生素E等

8.2.2 供体牛和受体牛的同期发情处理

8.2.2.1 同期发情的目的 胚胎移植同期发情的目的包括三个方面：一是供体母牛同期发情处理，使得一群供体母牛可同时进行超数排卵处理，从而提高超排工作效率；二是受体同期发情处理，使得供体母牛和受体母牛发情时间一致，从而在冲卵时可给发情后合格的受体母牛移植新鲜胚胎；三是一群受体母牛同期发情处理，使一群受体母牛在相同（相近）时间内发情，从而提高胚胎移植效率。

一般来说，胚胎移植时要求受体牛与供体牛发情（周期）天数相差不超出 1 d。

8.2.2.2 同期发情方法 供体和受体同期发情方法可采用一次PG法、二次PG法、孕酮埋植+PG法等，不同的同期发情方法参考本书“9 同期发情”的相关内容。

8.2.3 供体牛超数排卵

超数排卵，简称超排，就是利用外源激素处理供体母牛，诱导供体母牛卵巢比在自然状态下有更多的卵泡发育并排卵，配种后生产可用胚胎的过程。虽然牛胚胎移植技术研究和应用已经超过半个世纪，但是供体母牛超排后获得的可用胚胎数量几乎没有增加，平均为6～7枚可用胚胎。因此，供体牛超数排卵是牛体内胚胎生产非常重要的一环。

8.2.3.1 超数排卵常用的生殖激素

牛超数排卵常用的激素有促卵泡素（FSH）、前列腺素（PG）（图 8-3）。

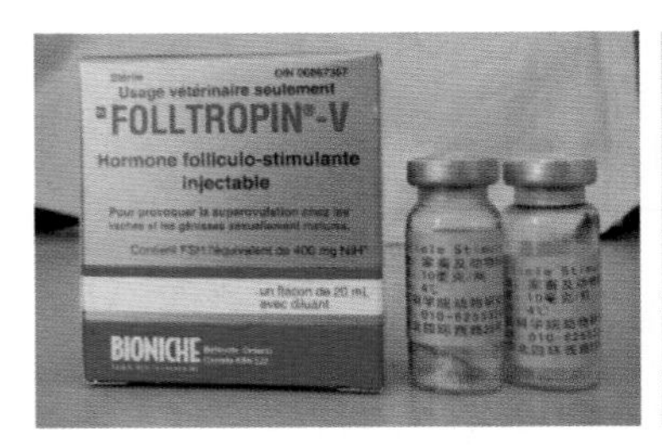

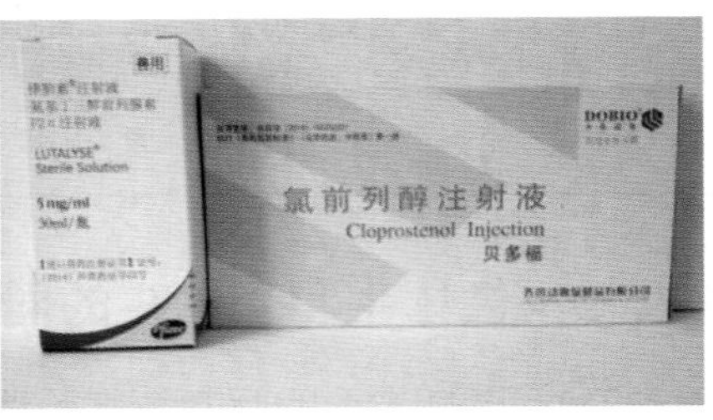

图 8-3 超排使用的 FSH 和 PG 激素（示例）

有些试验也曾使用孕马血清促性腺激素（PMSG）超排供体母牛，但是由于PMSG生物学半衰期较长，母牛发情配种后，甚至在采集胚胎时（发情后第7天）供体牛卵巢还常存在着发育的大卵泡，而这些大卵泡持续分泌雌激素，从而影响排出的卵母细胞受精和受精后胚胎的发育。因此，在使用PMSG超排供体母牛时需要注射抗-PMSG。

牛超排时选择激素应注意哪些问题?

1. 目前超排使用的 FSH 是从猪或羊脑垂体中提取的，其中含有一定比例的 LH。不同厂家生产的 FSH，其 FSH/LH 的比值存在差异。

2. 不同厂家生产的 FSH 和 PG 等激素的单位和剂量可能不同，应按照生产厂家说明书或推荐剂量使用。

3. 激素，特别是蛋白质激素，应注意保存温度，不能反复冷冻-解冻使用。

8.2.3.2 **超排时激素剂量** 激素生理作用的特点之一就是生理剂量的激素能发挥正常的生理作用，而大剂量的激素可产生不良作用，甚至反作用。因此，超排时应特别注意供体牛 FSH 和 PG 的注射剂量。不同厂家生产的 FSH 由于其效价和单位可能不同，因而注射剂量也就不同。同时，不同体重供体牛（如青年牛和成年牛），超排使用的 FSH 剂量也应有区别。表 8-4 以目前牛体内生产中最常用的两种 FSH 和 PG 为例，列出了青年牛和成年牛供体超排使用的 FSH 和 PG 参考剂量。

表 8-4 牛超排时 FSH 和 PG 使用剂量

激素种类（商品名）	生产厂家	每头牛每次的剂量	
		青年牛供体	成年牛供体
FSH	中国科学院动物研究所	7.5～8 mg	8～8.5 mg
FOLLTROPIN-V	贝尔尼奇公司	260～300 mg	360～400 mg
氯前列腺素	齐鲁动物保健品有限公司	0.4～0.6 mg	0.4～0.6 mg
律胎素	硕腾动物保健品有限公司	25 mg	25 mg

8.2.3.3 **超排方法** 供体牛超排时，血液中需要一定浓度的外源促性腺激素才能持续刺激卵巢上一定数量的卵泡发育、成熟和排卵，而 FSH 在动物体内的半衰期约为 5 h。为了维持供体牛血液中 FSH 的浓度，需要间隔 12 h 左右注释一定剂量的 FSH。目前，牛超排过程最常用的 FSH 注射方法是“连续 4 d 递减注射法”，即每天间隔 12 h 左右注射 2 次，连续注射 4 d。表 8-5 以 FOLLTROPIN-V 和氯前列腺素为例，列出了成年供体牛在埋植孕酮阴道栓（CIDR）超排过程中不同时间注射 FSH 和 PG 剂量与注射方法。

表 8-5 牛超数排卵注射 FSH 和 PG 剂量（每头）示例

时 间	第 0 天	第 5 天	第 6 天	第 7 天	第 8 天	第 9 天	第 10 天	第 16 天
上午 8:00	埋植 CIDR	FSH：70 mg	FSH：60 mg	FSH：40 mg PG：0.6 mg	FSH：20 mg	观察发情	第二次 AI	冲胚
下午 8:00	#	FSH：70 mg	FSH：60 mg	FSH：40 mg PG：0.4 mg 撤栓	FSH：20 mg	第一次 AI	#	#

供体牛注射 FSH 超排程序和时间见图 8-4。方法 1 是指供体牛自然发情或前列腺素同期发情，一般在发情后的 8～13 d 之间开始 FSH 处理；方法 2 是指埋植 CIDR 同期发情，在埋植 CIDR 后 5～7 d 开始 FSH 处理。

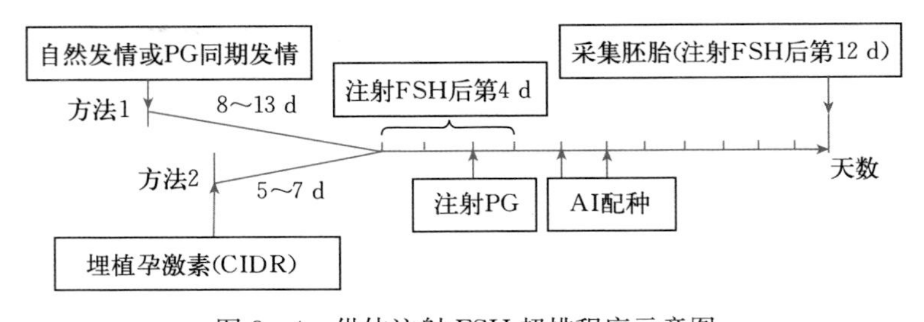

图 8-4 供体注射 FSH 超排程序示意图

8.2.4 供体发情观察与配种

8.2.4.1 **供体母牛发情观察** 正常情况下，供体牛在连续 4 d 注射 FSH 以及前列腺素的作用下，应在第 5 天上午（整个超排过程的第 9 天，埋植 CIDR 日计第 0 天）发情。

可采取人工观察超排供体母牛发情，也可采用涂抹蜡笔和计步器等辅助方法观察供体牛发情。以接受爬跨为供体母牛发情开始时间，记录母牛发情时间和发情黏液情况。

8.2.4.2 **供体母牛配种** 超排供体母牛发情后按照常规人工授精配种。为了保证超排母牛排出的卵子都能受精，应增加人工授精配种次数，一般至少分别在发情后 10～12 h 和 20～24 h 人工授精各 1 次，每次一支冷冻细管精液。

如何处理超排后未见发情的供体母牛？

正常情况下，供体母牛在 FSH 和 PG 的作用下，超排第 9 天应该表现发情（接爬），但是在某些情况下，个别供体母牛未见发情症状，此时应按照发情供体母牛一样进行人工授精。

8.2.5 胚胎采集

8.2.5.1 **胚胎采集时间** 供体母牛发情后第 7 天（发情当天为第 0 天），即整个超排过程的第 16 天，利用采卵管从子宫采集胚胎。

8.2.5.2 **胚胎采集方法** 目前，牛胚胎采集为“非手术采卵法”，即通过直肠把握，将冲卵管通过子宫颈放到子宫角一定的位置并通过气囊固定，然后用一定量的冲卵液反复冲洗子宫，从而把胚胎冲出供体牛子宫角。

8.2.5.3　**胚胎采集器械**　牛非手术采集胚胎需要一定的器械，包括冲卵管与钢芯、集卵杯（漏斗）、扩宫棒、体视显微镜等，具体见图 8－5 至图 8－8。

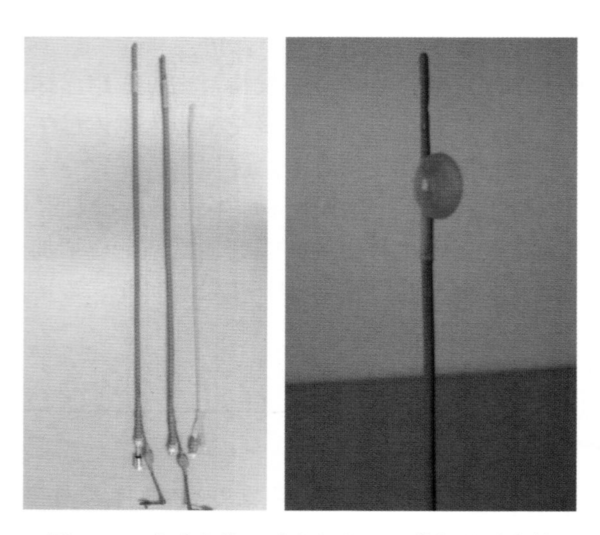

图 8－5　牛冲卵管、冲卵钢芯和组装好的冲卵管

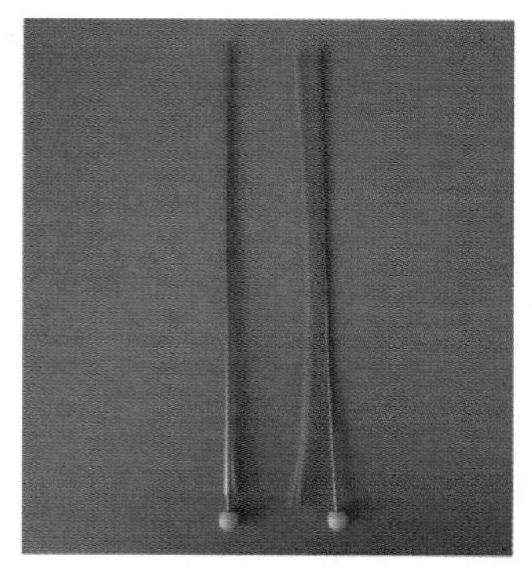

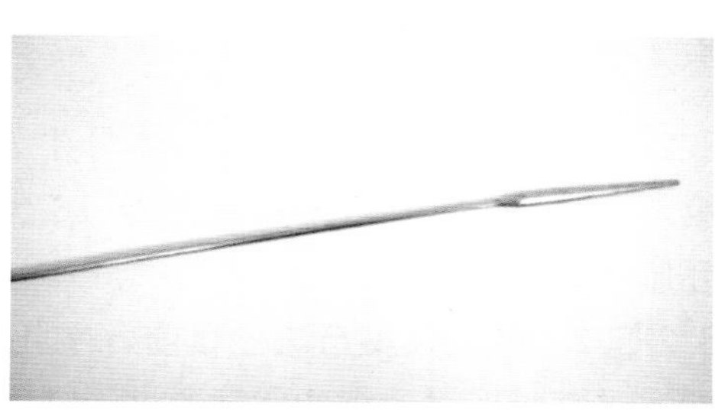

图 8－6　牛用扩宫棒和黏液吸取棒

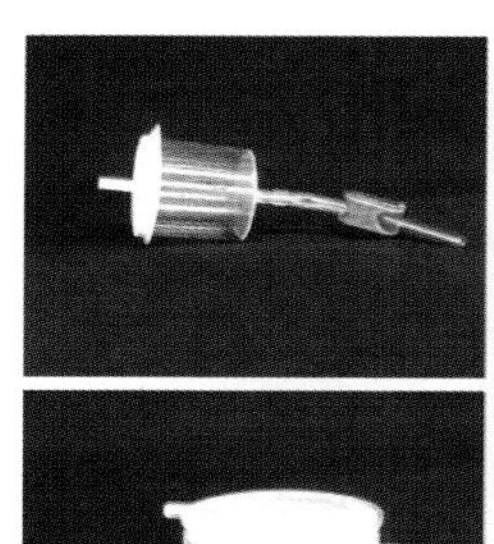

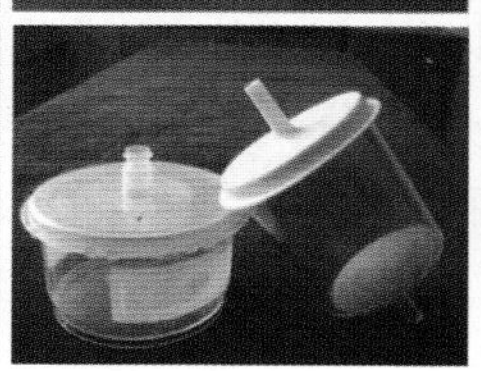

图 8-7 不同类型的集卵杯（漏斗）

图 8-8 双目体视显微镜

8.2.5.4 冲卵液配方及其配制 牛体内胚胎生产使用的冲卵液为杜氏磷酸缓冲液（DPBS），其主要化学成分及配制见表 8-6。

表 8-6 杜氏磷酸缓冲液（DPBS）配方

类型	成分	含量（g/L）
A 液	NaCl	8.00
	KCl	0.20
	$MgCl_2$	0.10
	$CaCl_2$	0.10
B 液	$Na_2HPO_4 \cdot 12H_2O$	2.898
	KH_2PO_4	0.20
	丙酮酸钠	0.036
	葡萄糖	1.00
C 液	青霉素	0.075
	链霉素	0.005

配制冲卵液时，准确称量 DPBS 各成分化学试剂的质量，用纯净水分别溶解 A 液、B 液和 C 液，然后进行高压或者过滤灭菌。

配制冲卵液应特别注意以下问题：

① 配制 DPBS 的所有化学试剂应是分析纯或优级纯的试剂。

② 配制 DPBS 的水应是蒸馏水（三蒸），或者超纯水。

③ 配制的 DPBS 液 pH 为 7.2～7.6，渗透压为 270～290 mOsm/L。

④ 配好的 DPBS 液可采用高压或者过滤消毒。如果采用过滤消毒时，A 液和 B 液可以混合，使用时再加入 C 液。如果采用高压消毒，A 液和 B 液必须分别高压灭菌，高压灭菌的条件为压力 10 Ib 30 min。使用时，A、B 液等体积混合后再加入 C 液。

⑤ 一般情况下，DPBS 液使用前，应添加 10% 的灭活胎牛血清。

配制冲卵液（DPBS）时为何 A 液、B 液、C 液需要分开？

1. DPBS 的成分分别含有 $CaCl_2$、$MgCl_2$、$Na_2HPO_4 \cdot 12H_2O$ 和 KH_2PO_4，可形成 $Mg_3(PO_4)_2$ 或 $Ca_3(PO_4)_2$，而 $Mg_3(PO_4)_2$ 或 $Ca_3(PO_4)_2$ 微溶于水，因而在加热和高压消毒时会形成沉淀。

2. 抗生素溶解于水后很快就会失去功效，故应在使用前添加到冲卵液中。

8.2.5.5 **其他液体** 胚胎采集过程中还需要配制其他液体，包括胚胎保存液、冷冻液和解冻液等。

（1）胚胎保存液 是体外保存胚胎的液体，一般为含 20% 胎牛血清的 DPBS 液。

（2）胚胎冷冻液 是添加一定浓度冷冻保护剂的 DPBS 液。目前牛胚胎冷冻液主要有 10%（V/V）甘油＋20%（V/V）血清的

DPBS 液和 10%（V/V）乙二醇＋20%血清＋0.25 mol/L 蔗糖的 DPBS 液。

（3）胚胎解冻液　解冻 10%（V/V）甘油冷冻液冷冻胚胎的液体，为 1.0 mol/L 蔗糖＋20%（V/V）血清的 DPBS 液。

目前，采卵液、胚胎保存液和冷冻液等均可直接从相关化学试剂公司购买（图 8－9）。

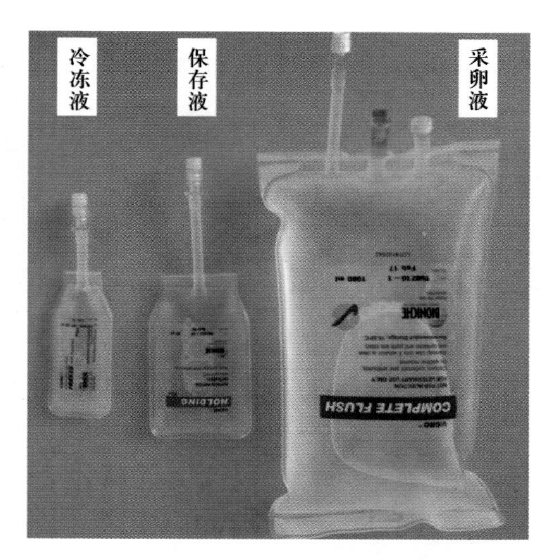

图 8－9　采卵液、保存液和冷冻液商品（示例）

8.2.5.6　**胚胎采集**　牛胚胎采集又称冲卵，操作过程包括供体牛的保定麻醉、检查卵巢（黄体和卵泡）、插入采卵管、冲卵液冲洗子宫角、捡卵和胚胎质量鉴定等过程。

（1）供体母牛保定、麻醉、消毒　将供体母牛牵入保定栏内保定，肌内注射 1 mL 静松灵和（或）2%利多卡因 5～7 mL，硬膜外麻醉（图 8－10）。清除直肠内宿粪，清水清洗母牛外阴部和后躯，5%酒精棉球消毒外阴部（图 8－11）。

（2）检查供体牛卵巢　直肠触诊检查超排供体牛卵巢上黄体和卵泡情况，记录两侧卵巢上的黄体和卵泡数量（图 8－12）。

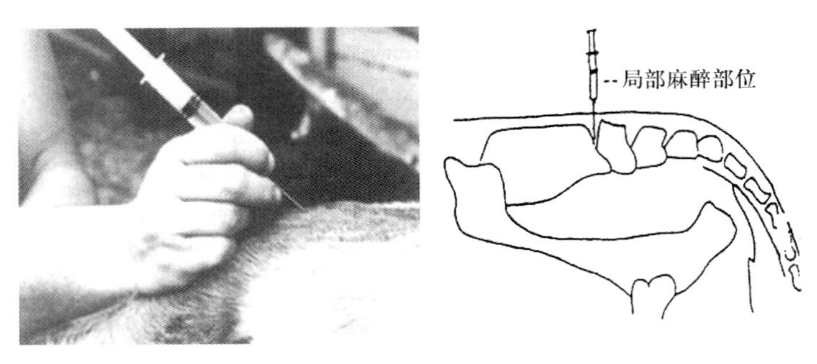

图 8-10 硬膜外麻醉（利多卡因注射部位）示意图

图 8-11 清洗和消毒外阴示例图

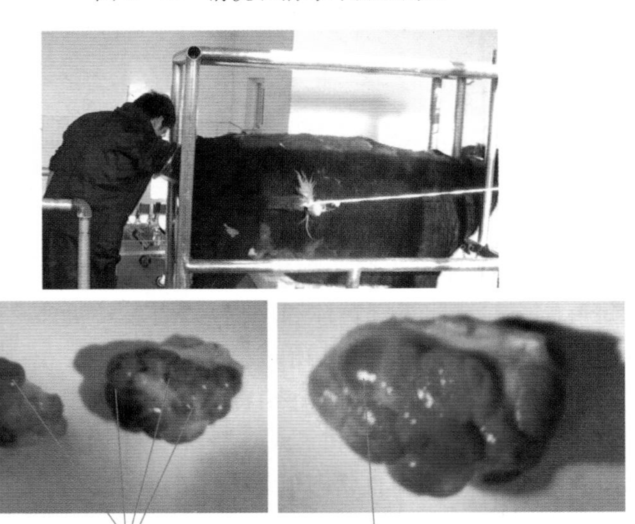

图 8-12 超排后供体卵巢上黄体和卵泡示例图

1. 黄体 2. 卵泡

(3) 扩宫、吸取黏液与插入采卵管　供体牛麻醉清除粪便后，清水冲洗外阴和后驱，然后用消毒的扩张棒扩张子宫颈（青年牛），如图 8－13 所示，同时使用黏液棒吸取子宫体内的黏液。

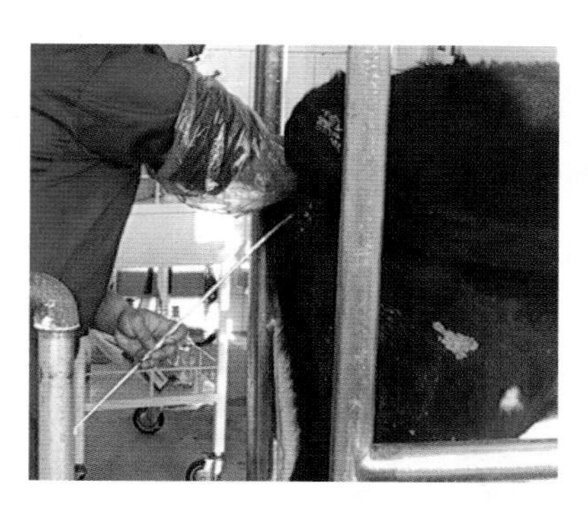

图 8－13　扩宫棒扩张子宫颈操作

将采胚管通过阴门插入阴道内，依次通过子宫颈、子宫体，进入一侧子宫角至大弯处（前端），如图 8－14 所示。

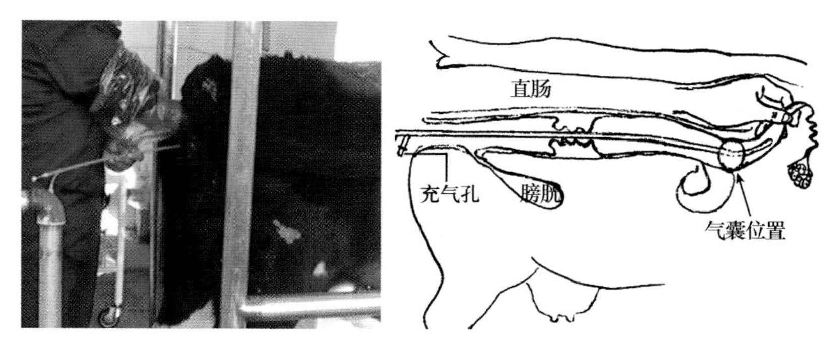

图 8－14　采卵管插入方式及气囊位置

采卵管到达子宫角合适位置后，用 20 mL 注射器向采卵管的气囊充气以固定采卵管，一般情况下，青年牛充气量为 12～15 mL，成年牛充气量为 18～20 mL，气囊固定采卵管后拔出钢芯（图 8－15 和图 8－16）。

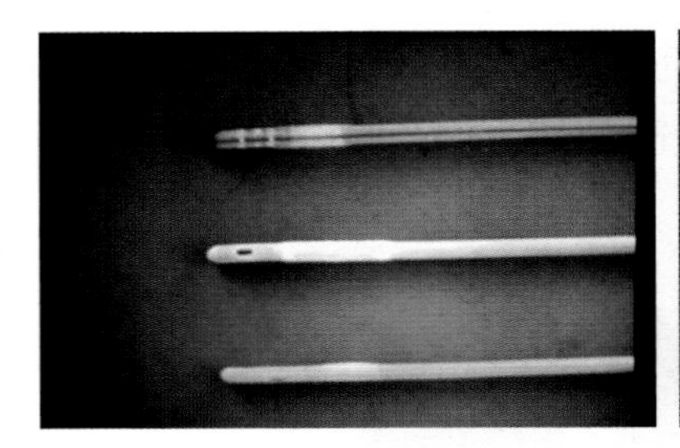
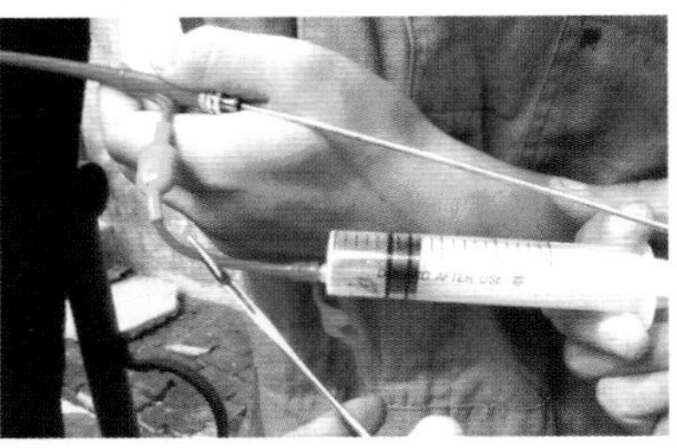

图 8－15　不同采卵气囊大小和气囊充气固定示例图

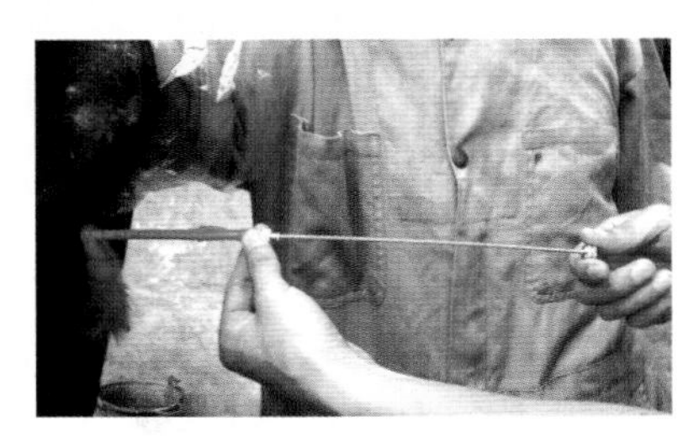

图 8－16　拔出钢芯示例图

如何确定注入气囊的空气量?

1. 牛非手术采卵过程中，利用气囊将采卵管固定在子宫角适当的位置是冲卵成功的关键。因此，注入气囊空气的量很重要，因为如果注入气量不足，则采卵过程采卵管滑往子宫角后端，而如果气量过大，则可能局部撑破子宫角。

2. 注入气囊的气量多少取决于气囊的形状、子宫角粗细、采卵管在子宫角的位置等因素。

3. 气囊注入空气时应缓慢，直肠内感触气囊的大小和紧张程度以确定充气量。

（4）采集胚胎　用 50 mL 注射器吸入 15～25 mL 冲卵液（经产牛每次冲胚液注入量可增加至 30～40 mL），通过采卵管注入子宫角，然后回收冲卵液，并将回收的冲卵液注入集卵杯内。反复以上注入-回收冲卵液 5～10 次（图 8－17）。每侧子宫角需用 200～300 mL 冲卵液。

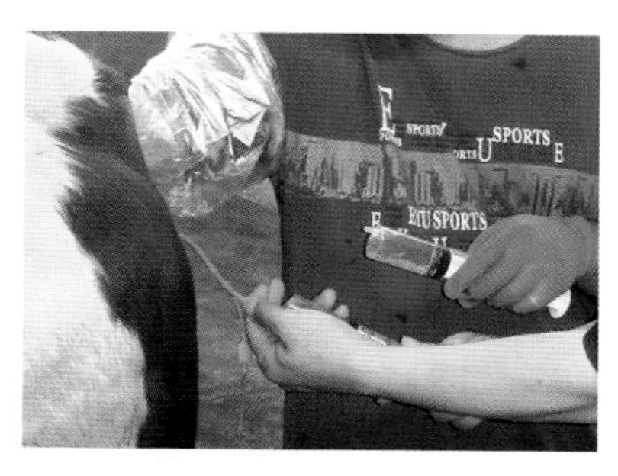

图 8－17　使用注射器反复向子宫注入并回收冲卵液示例图

小贴士

采卵时注入冲卵液应注意哪些问题？

1. 采卵液的温度应为 34～37 ℃。

2. 第一次注入冲卵液的量要少，青年母牛 15～20 mL，成年牛 25～30 mL。随后可逐渐增加每次青年母牛 30 mL，成年牛 40～50 mL。

3. 注入采卵时可少用力，而回收采卵液时应缓慢、持续。

一侧子宫角采集结束后，再将采卵管插入另一侧子宫角，重复上述操作过程。

小贴士

如何确定注入冲卵液的量？

1. 每次注入子宫角冲卵液的量取决于供体母牛子宫角大小（粗细）、采卵管在子宫内的位置。

2. 青年母牛第一次注入液体量为 15 mL，随后可以逐渐增加到 20～30 mL。成年母牛第一次注入液量为 20 mL，随后可逐渐增加到 30～40 mL。

3. 采卵管在子宫角的位置较靠前时，每次注入的液量应相对减少。

4. 可通过直肠内操作，用手感触注入冲卵液后子宫角的膨胀（程度）决定注入液体的量。

5. 冲卵液的温度应为 34～37 ℃。

8.2.5.7 检胚

（1）回收液处理 将回收的冲卵液倒入侧壁滤膜为 75 μm 孔径的集卵杯（过滤漏斗）内，过滤完毕后用冲卵液反复冲洗侧壁滤膜 2～3 次（图 8－18），以防胚胎黏附在滤膜壁上。

图 8－18 冲卵液冲洗侧壁滤膜

（2）检卵 将集卵杯放在体视显微镜下进行检胚。观察到胚胎后，用前端孔径为 300～400 μm 的巴氏吸管吸出胚胎，移入装有新鲜胚胎保存液的培养皿内。集卵杯检查 2～3 遍后，将一头供体牛的所有胚胎用保存液洗涤 2～3 遍后移入含有保存液的培养皿中（图 8－19）。

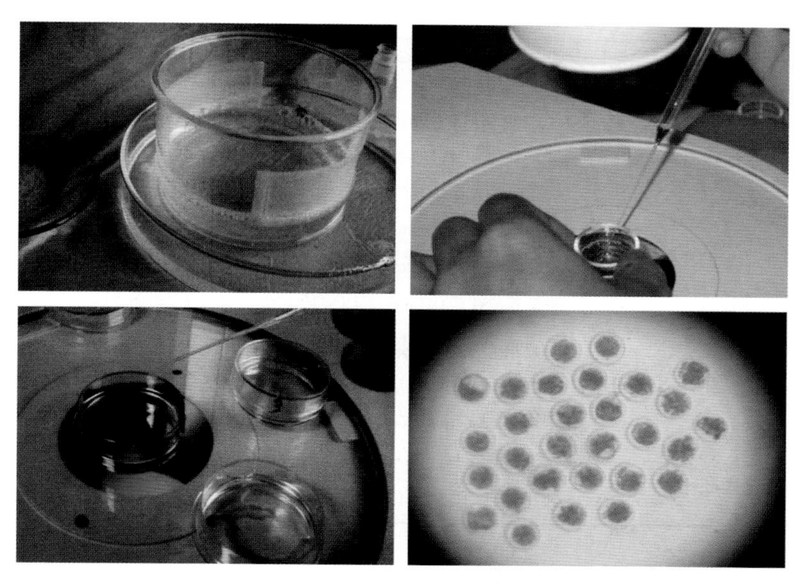

图 8－19　体视显微镜下检卵与洗涤示例图

8.2.6　胚胎质量鉴定

目前，牛胚胎移植技术中主要依据受精后不同时间牛胚胎发育阶段形态学特征而鉴定采集获得的牛胚胎质量。

8.2.6.1　**牛不同发育阶段胚胎特征**　牛不同发育时间和阶段胚胎的特征见图 8－20 和表 8－7。

表 8－7　牛不同发育阶段体内胚胎的主要特征

类　型	常用缩写	特　　征
桑椹胚	M	卵裂球隐约可见，细胞团几乎占满卵黄周隙。胚胎总细胞数约为 32
致密桑椹胚	CM	卵裂球进一步分裂变小，看不清卵裂球界线，细胞团收缩至占卵黄周隙的 60%～70%。胚胎总细胞平均为 58±18.7

（续）

类　型	常用缩写	特　　征
早期囊胚	EB	细胞团一侧出现较透亮的囊胚腔，难以分清内细胞团和滋养层细胞，细胞团占卵黄周隙 70%～80%。胚胎总细胞数平均为 105±23.4（其中内细胞团细胞数为 36.8±10.1）
囊胚	BL	囊胚腔明显增大，内细胞团与滋养层细胞可以分清，滋养层细胞分离，细胞充满卵黄周隙。胚胎总细胞数平均为 115±5.6（其中内细胞团细胞数 42±8.6）
扩张囊胚	EXB	囊胚腔充分扩张，体积增至 1.2～1.5 倍，透明带变薄，相当于原厚度的 1/3。胚胎总细胞数平均为 159±14.1（其中内细胞团细胞数 35±4.9）
孵化囊胚	HB	透明带破裂，扩张胚胎细胞团孵出透明带外。胚胎总细胞数平均为 171±34.1（其中内细胞团细胞数 57.9±19.8）

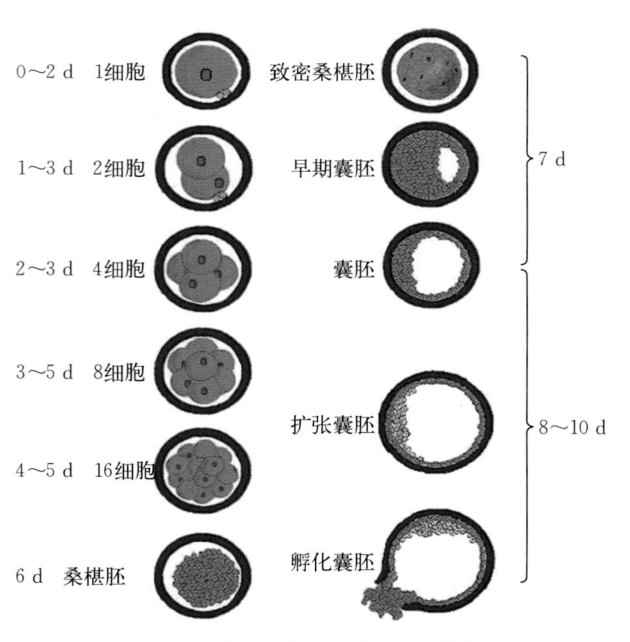

图 8-20　牛胚胎不同发育时间阶段特征模式图

8.2.6.2 胚胎质量鉴定 目前，牛体内胚胎生产主要是采集发情配种后 7 d 的胚胎，此时的胚胎发育阶段可能处于桑椹胚、早期囊胚、囊胚或扩张囊胚阶段。

牛胚胎质量可根据采集获得胚胎的发育阶段与时间相符程度、胚胎细胞之间联系紧密程度、胚胎透明度（颜色）以及游离的细胞占胚胎细胞数的比例等，将采集获得的胚胎分为 A 级、B 级、C 级、D 级和未受精卵。不同质量的胚胎具体形态学标准见表 8-8 和图 8-21 至图 8-24。

表 8-8 不同质量胚胎的分级标准

级 别	类 型	评定标准
A 级	可用胚胎	胚胎发育阶段与时间相符。胚胎形态完整，胚胎细胞团轮廓清晰，呈球形，分裂球大小均匀，细胞界限清晰，结构紧凑，色调和明暗程度适中，无游离细胞
B 级	可用胚胎	胚胎发育阶段与时间基本相符。胚胎细胞团轮廓清晰，色调和细胞结构良好，可见一些游离细胞或变性细胞（10%～15%）
C 级	可用胚胎，但不能冷冻	胚胎细胞团轮廓不清晰，色调发暗，结构较松散，游离及变性细胞较多，占 40%～50%
D 级	不可用胚胎	发育迟缓，细胞团散碎，变形细胞比例超过 70%
未受精卵	不可用胚胎	未受精卵

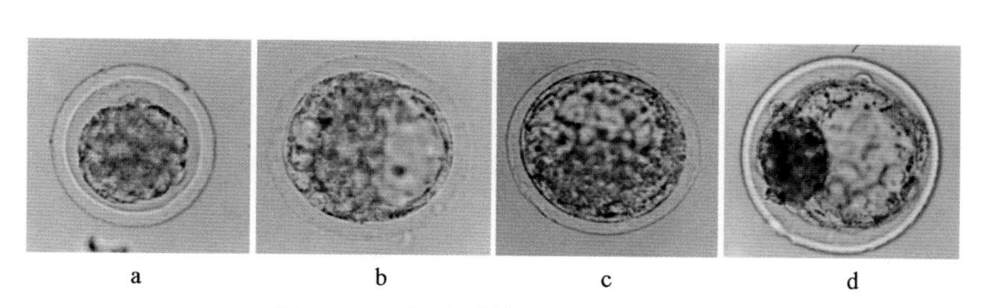

图 8-21 母牛受精后 7 d A 级胚胎

a. 致密桑椹胚 b. 早期囊胚 c. 囊胚 d. 扩张囊胚

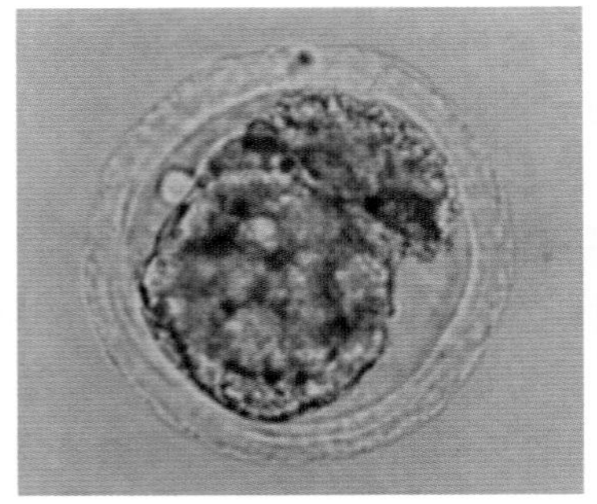
a

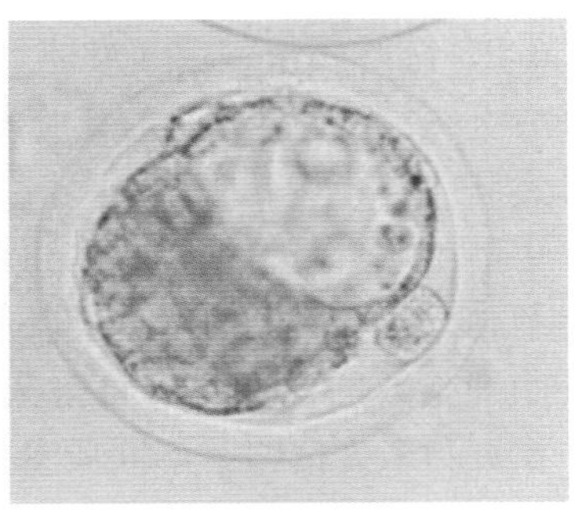
b

图 8-22　母牛受精后 7 d B级胚胎

a. 致密桑椹胚　b. 囊胚

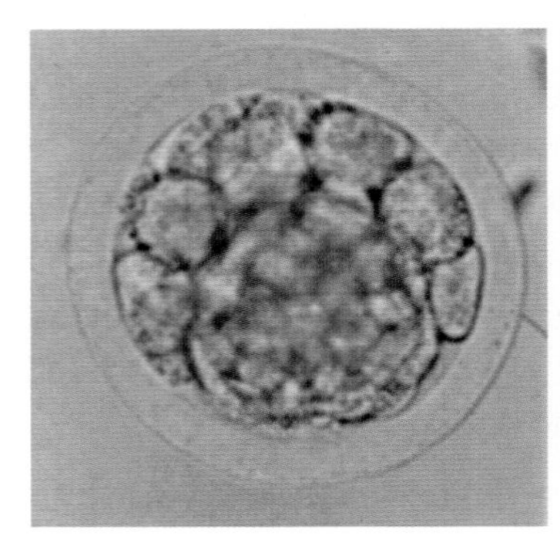
a

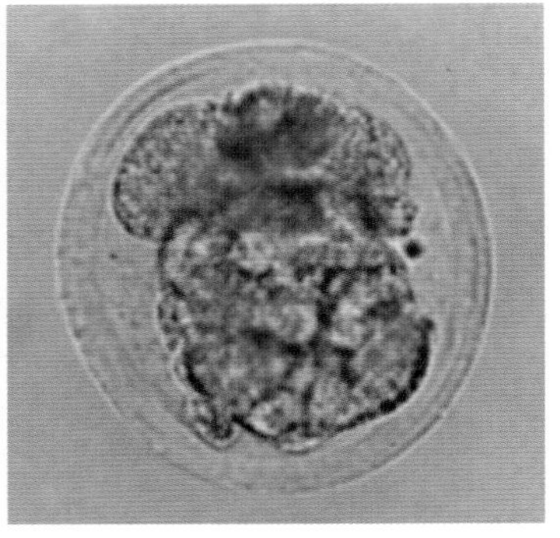
b

图 8-23　母牛受精后 7 d C级胚胎

a. 桑椹胚　b. 致密桑椹胚

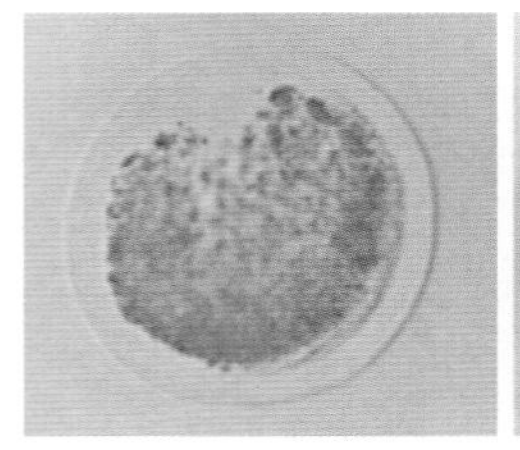
a

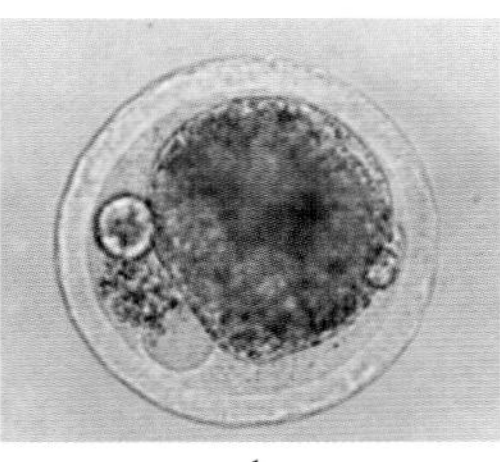
b

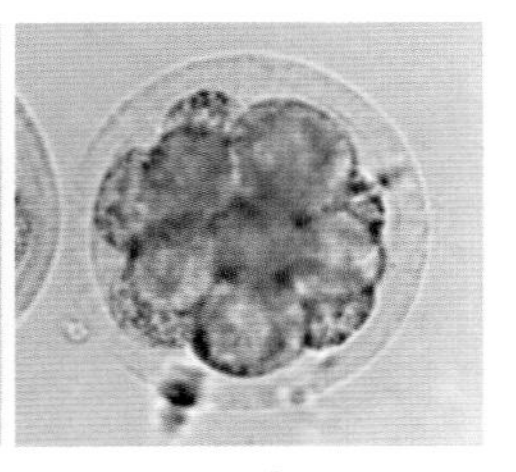
c

图 8-24　母牛受精后 7 d D级胚胎与未受精胚胎

a. 未受精卵　b. 1 细胞退化受精卵　c. 16 细胞退化胚胎

也可将胚胎质量级别分为A级、B级和C级三级，A级和B级胚胎为可用胚胎，C级胚胎为不可用胚胎，包括退化胚胎和不受精卵。

根据上述不同质量胚胎的形态学特征鉴定采集获得的胚胎，确定每个胚胎的发育阶段和质量（级别）。一般情况下，A级和B级胚胎可用于冷冻保存和鲜胚移植，C级胚胎只能用于鲜胚移植而不能冷冻。

8.2.7 胚胎冷冻

胚胎冷冻保存是指采用一定的方法，将牛胚胎在冷冻保护液中降温到一定温度后投入液氮，解冻后胚胎质量（活力）不受显著影响，从而达到长期保存胚胎的目的。目前，胚胎冷保存方法有常规冷冻方法和玻璃化冷冻方法。常规冷冻方法，又称慢速冷冻法或程序降温冷冻法，指采用一定的冷冻仪器，将胚胎在冷冻保存液中缓慢降低到一定温度（－36～－32 ℃）后投入液氮冷冻保存的方法。本部分重点介绍牛胚胎生产中常用的慢速冷冻保存方法的操作过程。

8.2.7.1 胚胎冷冻保存常用的冷冻仪器设备 牛胚胎慢速冷冻常用的冷冻仪器见图8-25。胚胎冷冻仪主要是能够控制降温的速率，根据致冷源的不同，可将目前常用的胚胎冷冻仪分为液氮制冷和无水酒精制冷两种类型。

8.2.7.2 常规胚胎冷冻方法 常规胚胎冷冻方法（慢速冷冻法）常用的冷冻保护液（抗冻液）为10%（V/V）甘油＋20%（V/V）血清DPBS液或者10%乙二醇（V/V）＋0.25 mol/L蔗糖＋20%（V/V）血清DPBS液。

下面以10%乙二醇＋0.25 mol/L蔗糖的＋20%血清DPBS为冷冻保护液，示例说明两种冷冻仪器慢速冷冻牛胚胎的操作过程。

（1）冷冻液中平衡　将A级胚胎用保存液清洗3～5次，用冷冻保护液洗涤1次，然后移入冷冻液中平衡5～10 min。

a

b

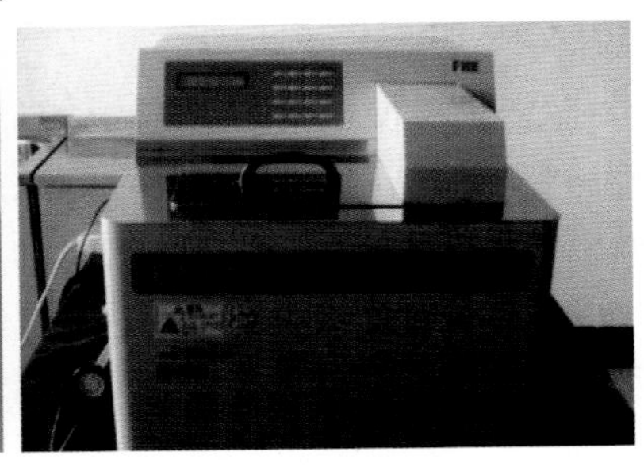

c

图 8-25　常用的不同胚胎冷冻仪

a. 液氮制冷　b. 液氮制冷　c. 无水酒精制冷

（2）装管　用 0.25 mL 塑料细管按 5 段装液法装入胚胎和抗冻液，即两段少量的冷冻液-气泡-冷冻液-气泡-两段少量的冷冻液，如图 8-26 所示。一般情况下，每支冷冻细管装 1 枚胚胎。如果胚胎数量太多，每个细管也可装入多个胚胎，但是胚胎移植时解冻后必须将胚胎推出，然后重新装管（1 枚胚胎）才能移植。

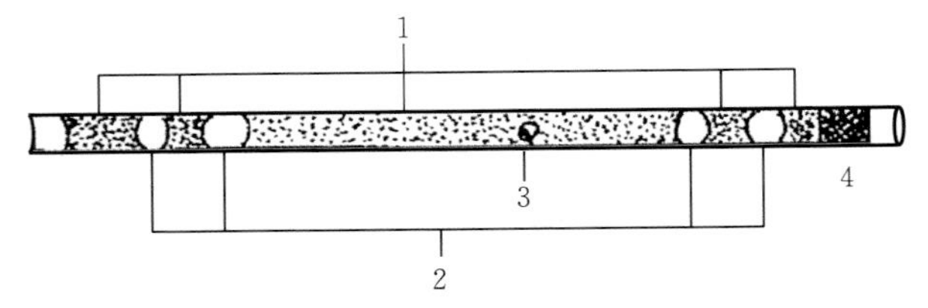

图 8-26　常规冷冻法胚胎装管示意图

1. 保存液　2. 气泡　3. 胚胎　4. 棉塞

（3）封口标记　加热封口或塑料塞封口，并使用永久性标记笔注明供体品种、牛号、胚胎发育阶段与级别、日期等信息（图8－27）。

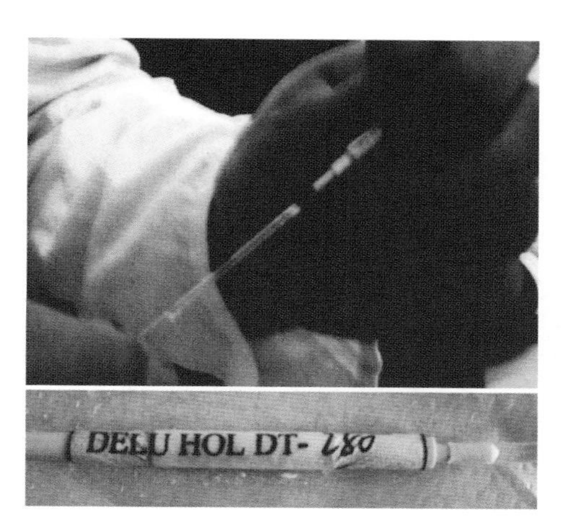

图8－27　细管封口及标记

（4）降温冷冻过程

① 放入胚胎细管　将含有胚胎的冷冻细管放入预先冷却至－6 ℃的冷冻仪的冷冻槽中平衡10 min，如图8－28所示。

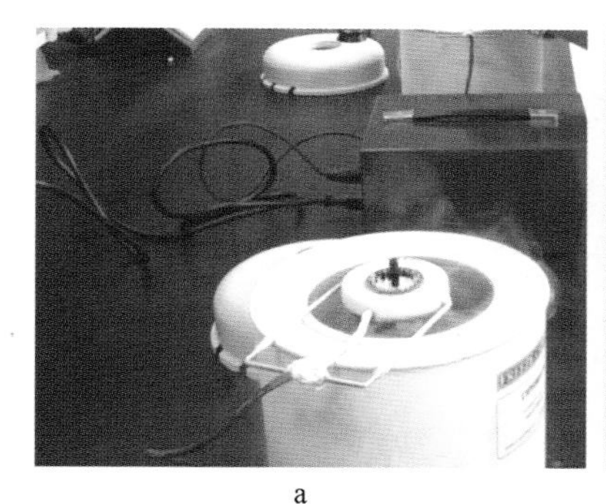

a

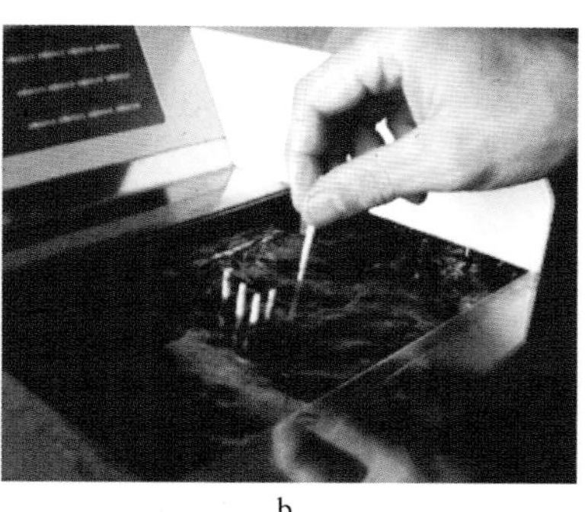

b

图8－28　将胚胎放入预冷的冷冻仪中平衡10 min

a. 液氮作为冷冻介质的胚胎冷冻仪　b. 酒精作为冷冻介质的胚胎冷冻仪

② 植冰　植冰又称诱发结冰，是胚胎冷冻过程重要一环。胚胎细管在－6 ℃平衡 10 min 后，将细管稍微提起，用在液氮中预冷的镊子前端夹住每只细管含胚胎的一段冷冻液 3～5 s，进行人工诱发结晶（人工植冰），诱发结晶后平衡 10 min，如图 8－29 所示。

a

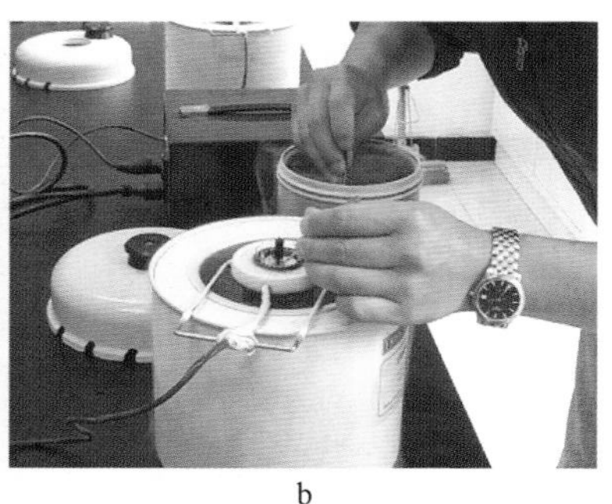

b

图 8－29　冷冻胚胎时的植冰

a. 酒精作为冷冻介质胚胎冷冻仪的诱发结冰

b. 液氮作为冷冻介质的胚胎冷冻仪的诱发结冰

小贴士

胚胎冷冻时如何植冰？

1. 由于胚胎冷冻液含有一定量的冷冻保护剂、蛋白质和离子等，其冰点远低于 0 ℃，因而在－6～－5 ℃温度时不会形成冰晶，而是处于“过冷”状态，需要人为给予强冷刺激才能形成结晶核。

2. 植冰时用液氮中充分致冷的金属镊子或棉签直接夹（接触）植冰位置 3～5 s。

3. 植冰的位置应是含胚胎的液段，且应是远离胚胎的一端。

③ 降温 诱发结晶后，冷冻仪以 0.3～0.5 ℃/min 的速率降温至−36 ℃后，平衡 10 min。

④ 投入液氮 降温平衡后，用镊子夹住胚胎细管并取出胚胎冷冻仪，迅速将细管插入液氮内快速降温（图 8－30），装入标记的提桶内，放置于液氮罐内进行长期保存（图 8－31）。

图 8－30 快速将胚胎细管插入液氮中迅速降温

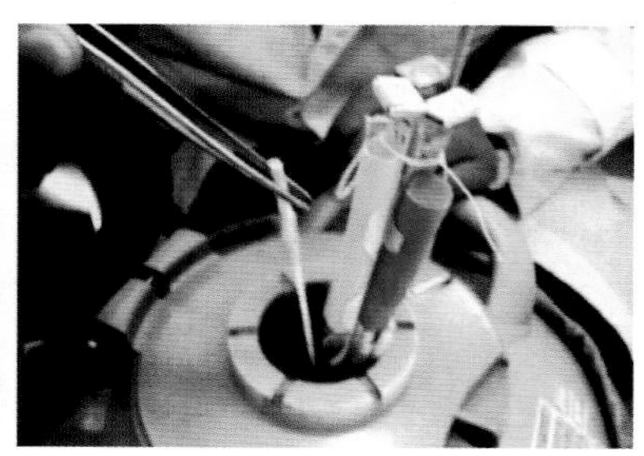

图 8－31 投入液氮罐中冷冻保存

8.2.8 胚胎移植

8.2.8.1 受体母牛准备与检查

（1）保定与麻醉 将发情后第 7 天（发情当天记为第 0 天）的受体母牛固定在保定栏内或颈枷上，以静松灵（1 mL）全身麻醉或者 2%利多卡因（5～7 mL）硬膜外麻醉。

（2）检查黄体 直肠触诊检查受体牛两侧卵巢上黄体和卵泡情况，判断黄体大小、数量和质地等。受体牛胚胎移植时选择黄体的标准：直径大小为 1.0～1.5 cm，质地稍硬而具有弹性，黄体基部充实，凸出卵巢表面并有“排卵点”（图 8－32）。

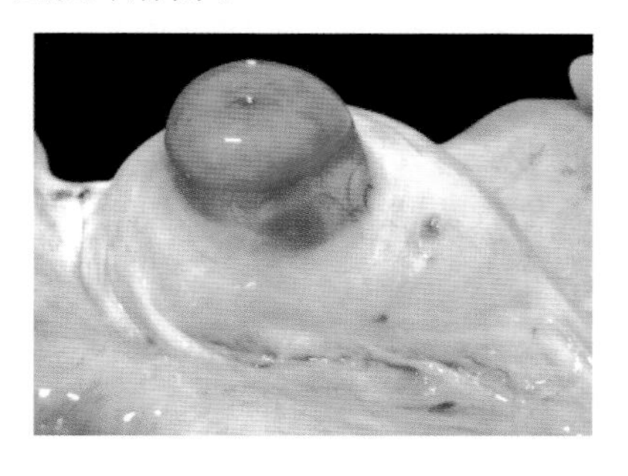

图 8－32 卵巢上结构良好的黄体示例图（体积较大、突出卵巢表面、有排卵窝）

记录受体牛卵巢和黄体情况，用记号笔在受体牛后躯标记出黄体侧，便于移植时确定胚胎应移入的子宫角。

直肠触诊黄体应注意什么？

1. 受体母牛发情 6～7 d 后卵巢上存在发育良好的黄体是移植胚胎的前提，因此胚胎移植前应直肠触诊检查黄体质量。

2. 直肠触诊检查受体母牛卵巢黄体时应检查黄体大小、质地，以及是否凸出卵巢表面和有无排卵窝等。

3. 直肠触诊受体牛卵巢和黄体时应轻、柔，切忌过分刺激黄体和卵巢。

8.2.8.2 移植胚胎的准备

（1）新鲜胚胎的准备　供体母牛采集的胚胎，如果有合适的受体母牛，就可以将新鲜胚胎直接移植给受体母牛。将新鲜胚胎装入 0.25 mL 的细管中，准备移植。

（2）冻胚胎的解冻　如果是移植冷冻保存的胚胎，移植前需要将冷冻胚胎解冻。不同的冷冻方法冷冻的胚胎解冻过程存在差异，如 10%甘油冷冻液冷冻的胚胎解冻时需要分步脱除冷冻保护剂，而 10%乙二醇冷冻液冷冻的胚胎，则不需要脱除冷冻保护剂。下面以 10%甘油冷冻保护液冷冻的胚胎为例，简要叙述冷冻胚胎的解冻过程。

① 取出冷冻胚胎　从液氮中取出胚胎细管，空气中停留 5～10 s（图 8－33）。

② 水浴解冻　将细管插入 32～35 ℃水浴中，停留 20～30 s 后取出（图 8－34）。

③ 捡出胚胎　将细管中的冷冻液及胚胎推出到培养皿中，在体视显微镜下找到胚胎（图 8－35）。

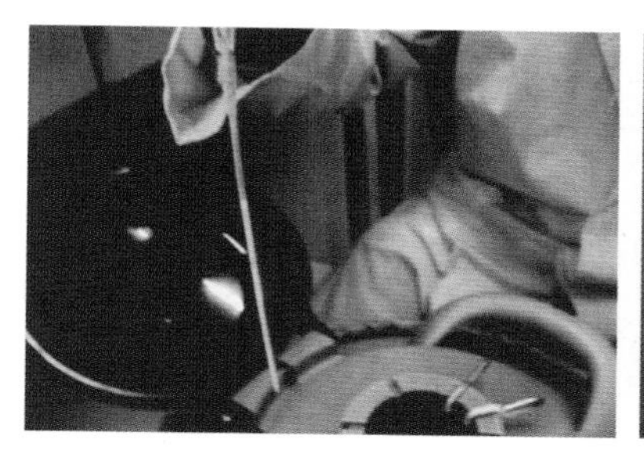

图 8-33 取出的胚胎细管在空气中停留 5～10 s 示例图

图 8-34 细管在水浴中解冻示例图

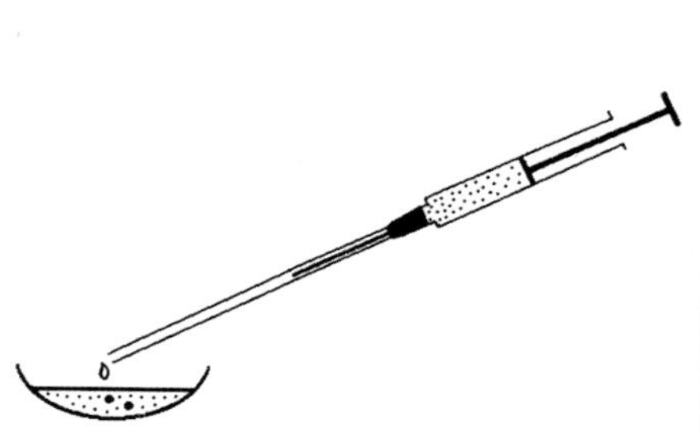

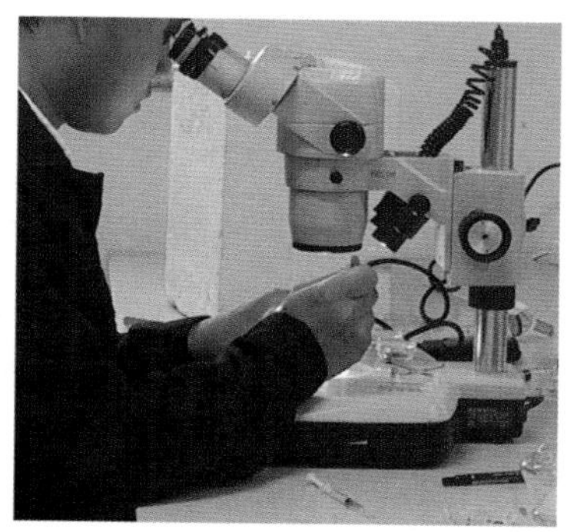

图 8-35 推出冷冻液和胚胎及检胚操作示例图

④ 鉴定胚胎质量 将解冻的胚胎转移到保存液中，清洗 3 遍，并在体视显微镜下，根据冷冻前胚胎质量、阶段等鉴定胚胎的质量（图 8-36）。

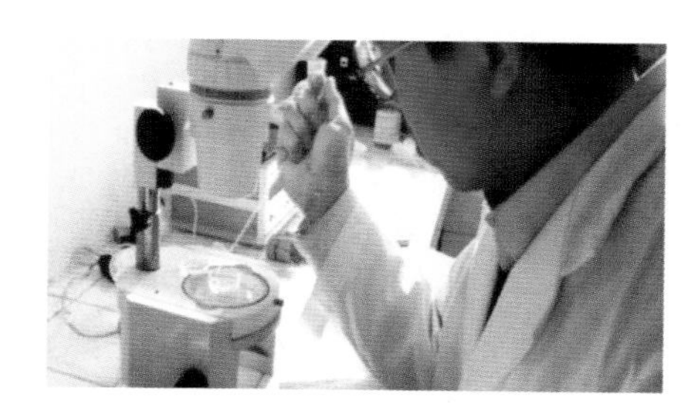

图 8-36 洗涤和鉴定胚胎质量操作示例图

小贴士

冷冻胚胎解冻后为何要进行质量鉴定?

1. 正常情况下，冷冻胚胎质量比冷冻前可能略有下降，但是不影响胚胎质量。然而胚胎在冷冻和储存中各种原因都可能影响胚胎质量。

2. 冷冻胚胎解冻后移入保存液中，参考冷冻胚胎发育阶段和质量，在体视显微镜下依据形态学鉴定解冻后胚胎的质量。

⑤ 胚胎装管　将解冻后胚胎鉴别质量为可用的胚胎装入细管，准备移植。

生产实际中，采用10%乙二醇冷冻保护液冷冻的牛胚胎，解冻后可直接用于移植，而无需将胚胎推出冷冻细管，只需要上述的①、②解冻步骤既可。这样既简化了胚胎解冻过程，便于现场操作，又能保证胚胎质量不受外界的影响，提高了胚胎移植效率。

8.2.8.3　胚胎移植

(1) 胚胎移植需要的器材　移植胚胎就是将装入细管的胚胎移植到发情第7天的受体母牛黄体侧的子宫角前端的过程。移植胚胎需要胚胎移植枪、塑料保护套等，如图8-37所示。

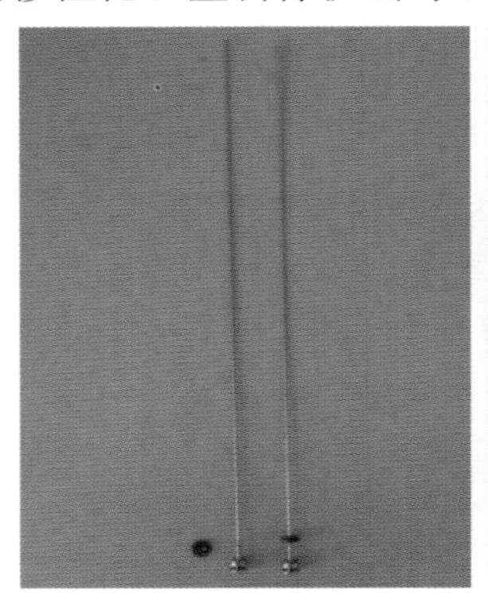

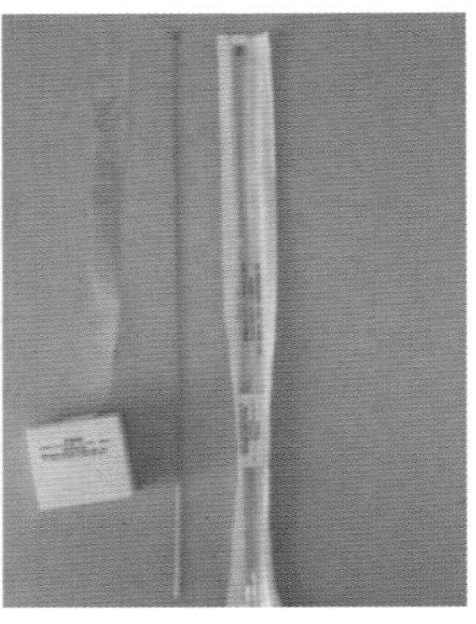

图8-37　胚胎移植枪、硬外套和塑料软外套示例图

（2）胚胎（细管）装入移植枪　将需要移植的胚胎细管装入胚胎移植枪（图 8-38），并在移植枪外套上塑料硬外套管和软外套管。

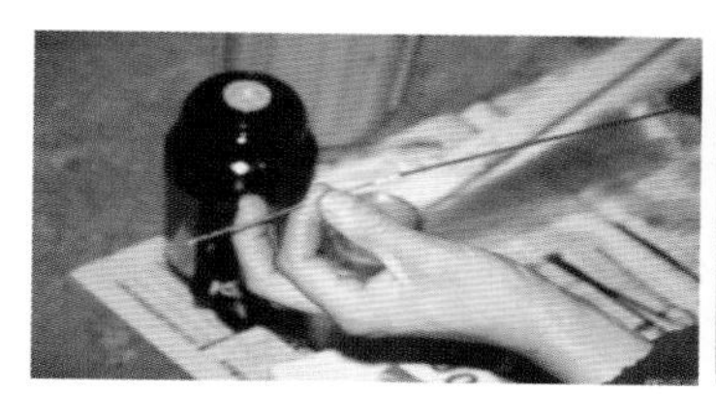
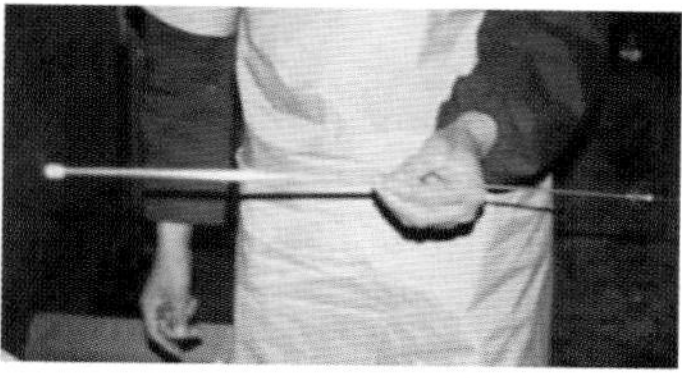

图 8-38　胚胎细管装入移植枪示例图

（3）受体牛限度与麻醉　检查合格的受体母牛，麻醉后清除直肠内粪便，清水、消毒毛巾或消毒卫生纸擦拭外阴部，并用 75% 酒精消毒外阴（图 8-39）。

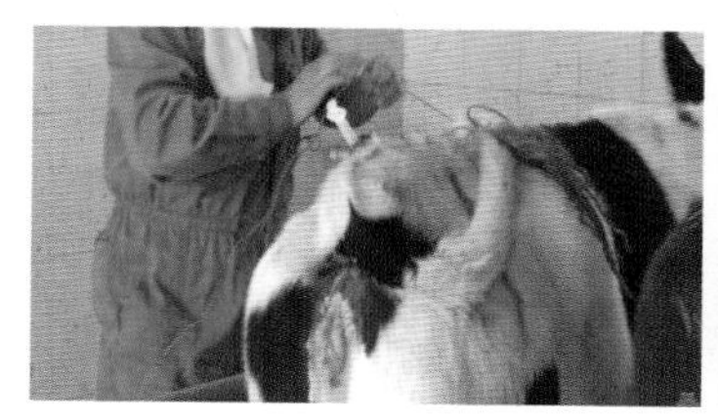
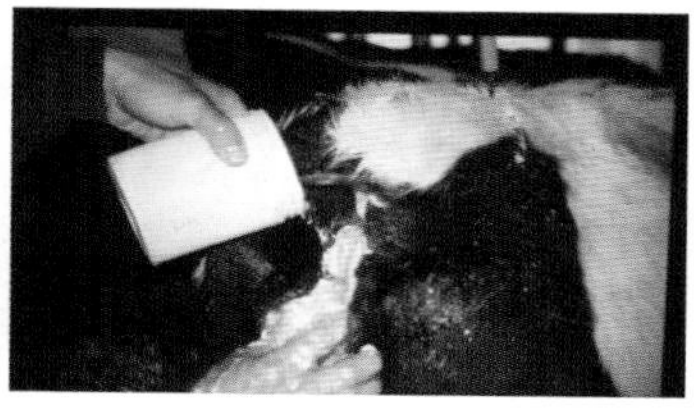

图 8-39　受体母牛麻醉及外阴消毒示例图

（4）移植胚胎　移植人员将装有胚胎细管的移植枪通过阴门依次经过子宫颈外口、子宫颈体、黄体侧子宫角，移植枪前端到达子宫角前端合适位置后，用力推动移植枪钢芯（图 8-40），将胚胎推出到移植部位（图 8-41）。然后缓慢抽出移植枪，胚胎移植过程完成。

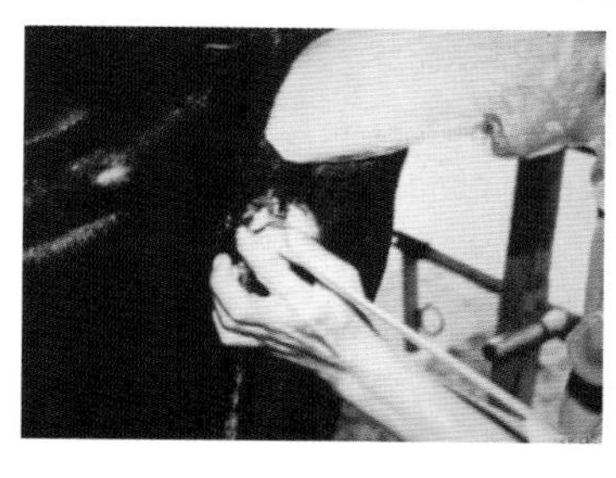
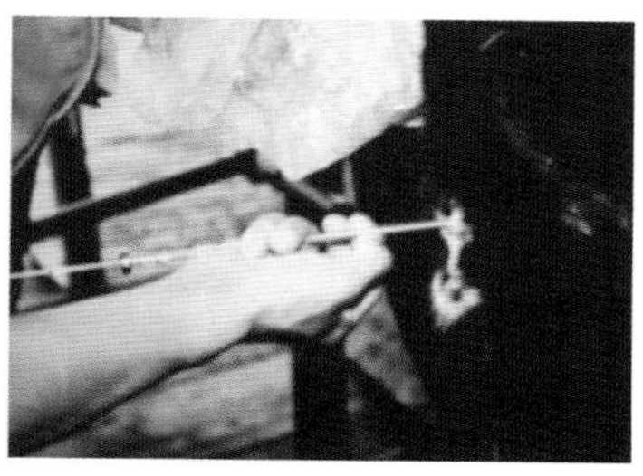

图 8-40　胚胎移植过程示例图

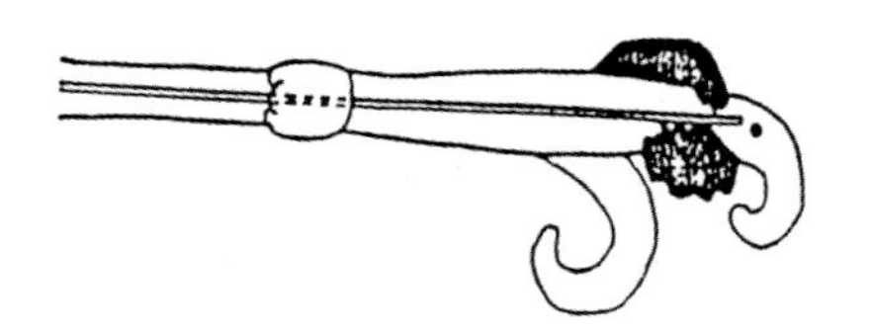

图 8-41　胚胎移植部位示意图

8.2.9　妊娠诊断

胚胎移植后应注意观察受体母牛返情情况。所有受体母牛在胚胎移植 45～60 d 时可直肠触诊妊娠检查，记录受体牛妊娠情况。如果需要，胚胎移植后 90～120 d 时再次复检上次妊娠检查怀孕的受体母牛。也可采取 B 超检查或者早孕因子检测进行受体母牛妊检，具体操作见“5　妊娠诊断”的相关内容。

思考与练习题

1. 如何选择供体母牛和受体母牛？
2. 如何制定供体牛适宜的 FSH 超排方案？
3. 简述供体牛的 FSH 超排方法。
4. 简述胚胎采集的主要操作流程及其注意事项。
5. 胚胎质量鉴定的要点有哪些？
6. 简述胚胎冷冻的原理及其主要方法。
7. 程序化胚胎冷冻法的主要操作步骤有哪些？
8. 胚胎移植的注意事项是什么？

同　期　发　情

［简介］同期发情技术是规模奶牛场促进牛群在相对集中的时间内发情，从而提高配种效率的有效方法。本部分介绍了同期发情技术的概念、原理与方法，重点介绍了同期发情技术的实际操作过程。

9.1　概念与原理

同期发情技术，就是利用外源生殖激素及其类似物处理母牛，使一群母牛在相对集中的时间内发情的技术。

9.1.1　同期发情原理

母牛发情周期平均为 21 d，可分为卵泡期和黄体期，卵泡期时间相对较短，为 5～6 d，黄体期为 15～16 d（图 9－1a）。正常情况下，奶牛的发情周期受生殖激素的调控。卵泡期，GnRH 促进垂体分泌 FSH 和 LH，FSH 促进母牛卵巢卵泡发育并形成优势卵泡（排卵卵泡），促进雌激素的合成与分泌。LH 促进优势卵泡排卵，促进黄体细胞形成并分泌孕酮。如果奶牛未配种或者配种未妊娠，则母牛子宫分泌前列腺素溶解卵巢黄体，开始下一个发情周期。

同期发情就是通过外源激素处理，缩短一群母牛的黄体期（如前列腺素处理）或者延长黄体期（如孕酮处理），从而使一群母牛在相对集中的时间内发情。

9.1.1.1 **缩短黄体期** 母牛注射外源前列腺素（$PGF_{2\alpha}$）或其类似物可诱导母牛卵巢功能黄体退化，从而使母牛体内孕酮水平降低，孕酮抑制卵泡发育的作用被解除，卵泡开始发育成并形成优势卵泡，发育中的卵泡分泌雌激素，从而使一群母牛在相对集中的时间内发情，如图 9-1b 所示。

9.1.1.2 **延长黄体期** 如果给予母牛持续外源孕酮处理（如埋植阴道栓或连续注射黄体酮），相当于增加了一个人工黄体，使母牛体内孕酮维持较高的水平，抑制母牛卵巢卵泡发育和母牛发情。如果在孕酮处理一段时间后停止给予外源孕酮，母牛体内孕酮水平快速下降，则孕酮抑制卵泡发育的作用被解除，卵巢上卵泡发育恢复正常，形成优势卵泡并发育成熟，发育的卵泡分泌雌激素，从而使母牛在相对集中的时间内发情，如图 9-1c 所示。

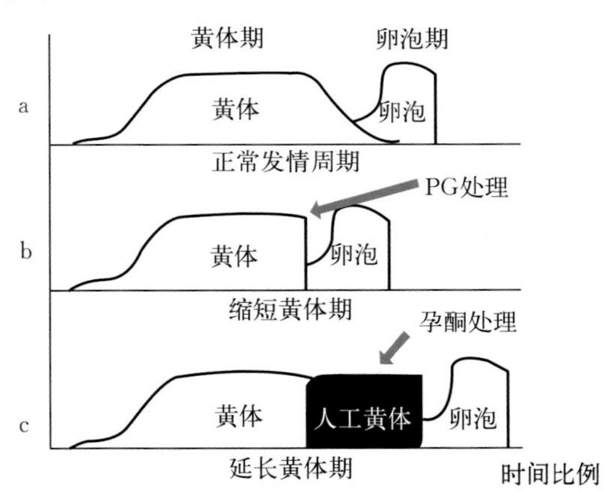

图 9-1 同期发情技术原理示意图

a. 正常发情周期的黄体期和卵泡期 b. 注射 PG 缩短了黄体期

c. 注射（埋植）孕酮延长黄体期

9.1.2 同期发情技术的优点与作用

① 减少发情鉴定工作量，提高发情检出率。

② 诱导母牛集中发情，便于群体管理，合理安排配种工作。

③ 辅助治疗持久黄体、黄体囊肿、子宫内膜炎等繁殖疾病。

④ 诱导卵巢静止母牛恢复正常发情周期。

⑤ 作为胚胎移植技术的重要环节，保证受体与供体处于相同的生理状态。

9.1.3　同期发情常用激素

牛同期发情最常用的外源激素有前列腺素及其类似物和孕酮制剂。

9.1.3.1　前列腺素 $F_{2\alpha}$

（1）前列腺素的生理作用　前列腺素（Prostaglandin，PG）是一类脂肪酸，最初在精液中发现，以为来源于前列腺，故命名为前列腺素。后来发现动物机体很多组织如呼吸系统和心血管系统等都可以合成和分泌前列腺素。前列腺素 $F_{2\alpha}$（Prostaglandin $F_{2\alpha}$，$PGF_{2\alpha}$）主要由子宫内膜细胞合成与分泌，通过子宫静脉-卵巢动脉到达卵巢，其主要生理作用是溶解卵巢上的功能黄体。$PGF_{2\alpha}$作用以及溶解黄体的机理具体见 2 “主要生殖激素及其生理作用”的有关内容。

（2）常用的前列腺素制剂　母牛同期发情使用的前列腺素主要为前列腺素 $F_{2\alpha}$及其类似物，例如目前常用的氨基丁三醇前列腺素 $F_{2\alpha}$注射液（图 9－2）和氯前列醇注射液（图 9－3）。

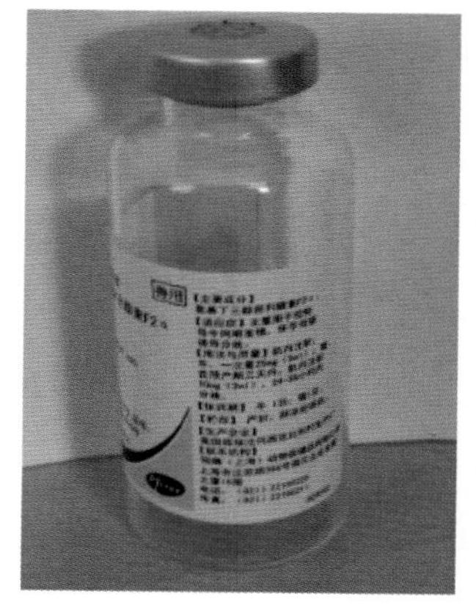

图 9－2　氨基丁三醇前列腺素 $F_{2\alpha}$注射液示例图

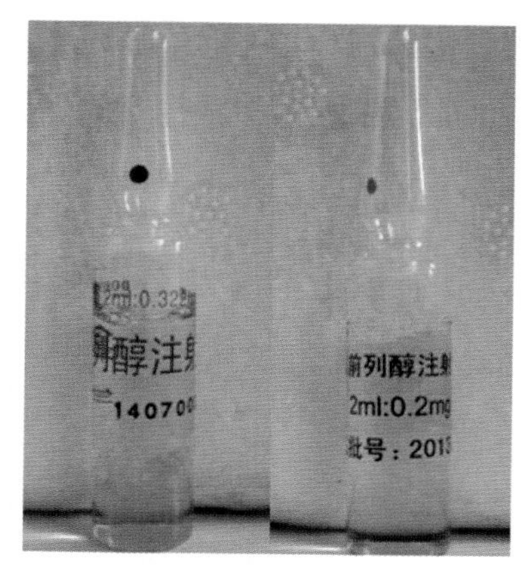

图 9－3　氯前列醇注射液示例图

9.1.3.2 **孕酮制剂** 孕酮（Progesterone，P）是由卵巢黄体细胞分泌的类固醇激素。

（1）孕酮生理作用

① 在黄体期早期或妊娠初期，促进子宫内膜增生，利于胚胎附植。

② 在妊娠期间，抑制子宫活动，降低子宫平滑肌活性，维持正常妊娠。

③ 大量孕酮抑制中枢活动，抑制卵泡发育，母牛不表现发情。

④ 少量孕酮可与雌激素协同诱导母牛发情。

（2）常用孕酮制剂 虽然通过在母牛饲料中添加孕酮或者肌内注射孕酮也可使母牛体内孕酮持续处于较高水平，但是需要多次饲喂和注射孕酮，因而母牛同期发情实践很少采用上述方法。目前，生产中主要利用阴道埋植孕酮制剂进行母牛同期发情。常用的孕酮制剂包括孕酮阴道缓释装置（PRID，T 形）（图 9－4）、孕酮阴道栓（CIDR，Y 形）（图 2－5）和阴道海棉栓等。其原理是在一定材料中（如硅胶或海绵）吸附一定量的孕酮，同期发情处理时，将孕酮阴道缓释装置等固定在阴道中，其中的孕酮缓慢、持续释放并

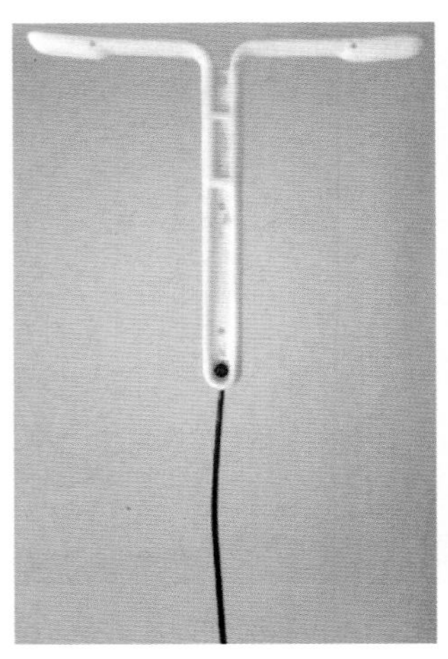

图 9－4 T 形阴道栓示例图

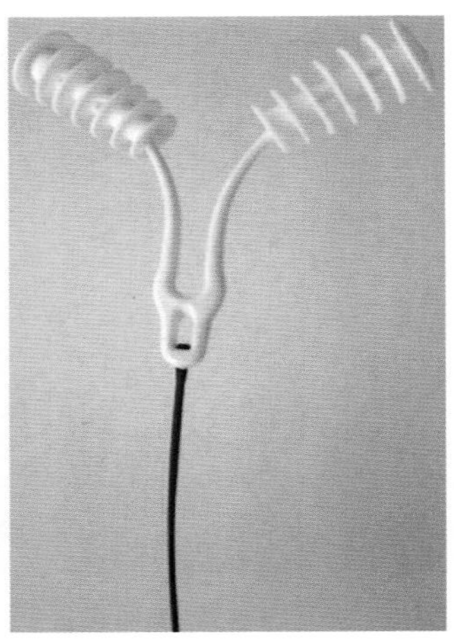

图 9－5 Y 形阴道栓示例图

被吸收到母牛血液中，使母牛体内孕酮维持在较高水平，从而抑制母牛发情，而在处理一定时间后撤除孕酮装置，则母牛血液中的孕酮浓度迅速降低，卵泡发育抑制被解除，母牛进入发情期。为了保证那些埋植孕酮释放装置而卵巢上存在功能性黄体的母牛也能同期发情，可在撤除孕酮释放装置时（或前 1 d）注射一定剂量的 PG，溶解功能性黄体，从而使母牛发情。

9.2 同期发情主要方法及其操作过程

9.2.1 前列腺素同期发情方法

9.2.1.1 **前列腺素一次注射法** 前列腺素一次注射法就是在任意一天（可记为第 0 天）给一群母牛注射一定剂量 $PGF_{2\alpha}$，使得母牛在注射 $PGF_{2\alpha}$后 2～4 d 内集中发情的方法，具体操作见图 9-6。

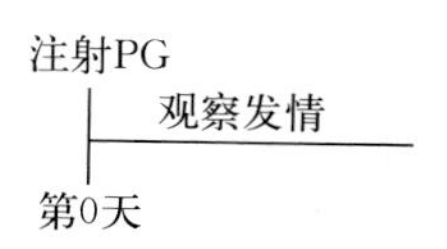

图 9-6 前列腺素一次注射法示意图

9.2.1.2 **前列腺素二次注射法** 前列腺素二次注射法就是在任意一天（可记为第 0 天）给一群母牛第一次注射一定剂量的 $PGF_{2\alpha}$，无论母牛是否发情，第 10～12 天时第二次注射一定剂量的 $PGF_{2\alpha}$，使得母牛在第一次注射 $PGF_{2\alpha}$后 13～15 d 母牛发情，具体操作见图 9-7。

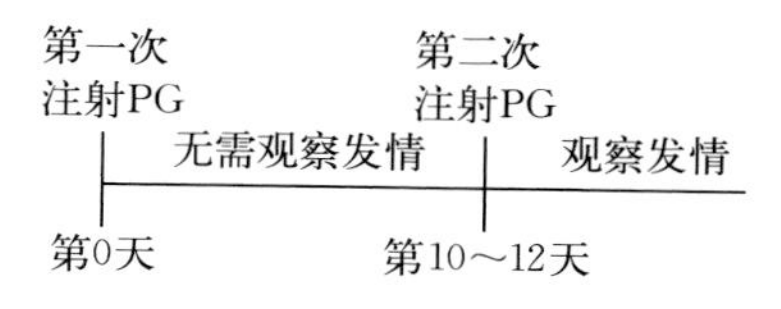

图 9-7 前列腺素二次注射法示意图

9.2.2 孕酮埋植+PG 同期发情方法

孕酮埋植+PG 法同期发情就是在母牛发情周期的任一天（可记为第 0 天）埋植孕酮阴道释放装置（如 CIDR），经过一定时间后撤除孕酮阴道释放装置，并注射 $PGF_{2\alpha}$，使得母牛在之后的 2～3 d 内集中发情的方法。

孕酮埋植+PG 同期发情操作过程如下。

（1）主要用品与器械　孕酮埋植+PG 同期发情时需要的用品包括埋植枪、孕酮缓释装置（如 CIDR）、75％酒精棉、新洁尔灭、消毒桶、卫生纸巾、橡胶手套、口罩等，如图 9－8 所示。

（2）保定和核对牛群信息　奶牛上槽采食颈夹保定后，查找需要处理的牛号，并仔细核对准备处理的母牛信息，如图 9－9 所示。

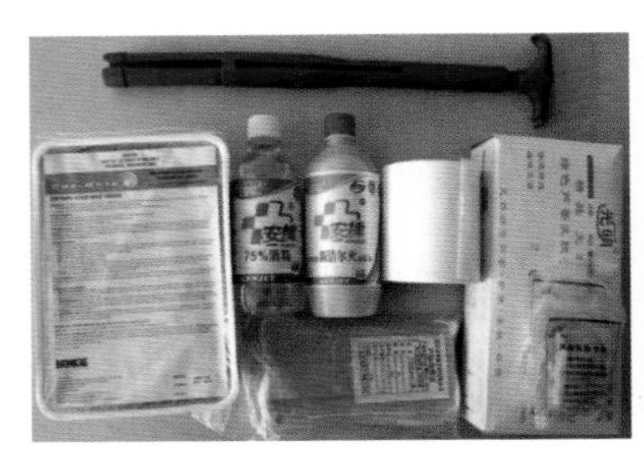

图 9－8　埋植孕酮缓释装置的主要用品示例图

图 9－9　查找和核对母牛信息

（3）消毒埋植枪　埋植孕酮阴道释放装置需要专门的埋植枪。使用前将埋植枪清洗并消毒，如可用新洁尔灭（苯扎溴铵含量为 0.7％～0.9％，*W*/*V*）浸泡 5～10 min 消毒埋植枪（图 9－10），再用 75％的酒精棉从埋植枪前端向手握端擦拭消毒埋植枪外表（图 9－11）。

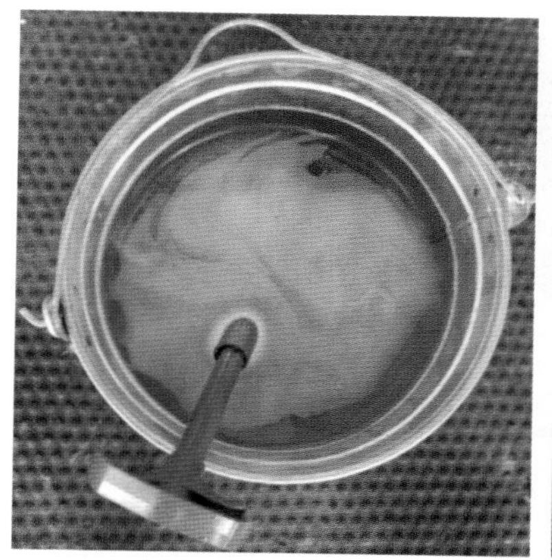

图 9－10　新洁尔灭浸泡消毒埋植枪示例图

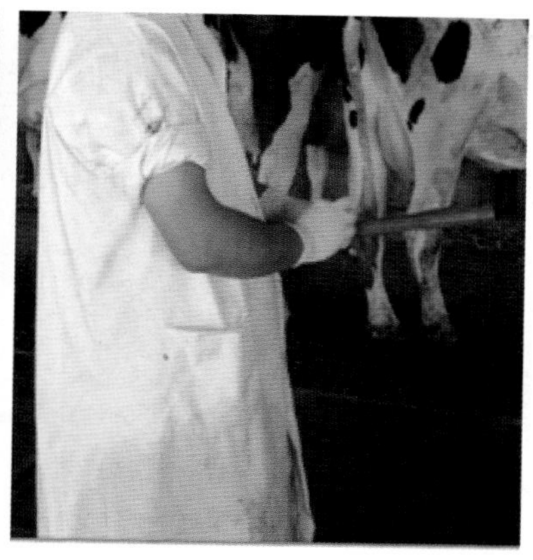

图 9－11　75%酒精棉擦拭消毒埋植枪示例图

小贴士

消毒埋植枪应注意什么问题?

1. 由于孕酮缓释装置需要利用埋植枪将其埋植在母牛阴道内，因此为了防止操作过程感染阴道，埋植枪必须进行严格消毒。

2. 消毒埋植枪时不仅要消毒埋植枪的外表，还要消毒埋植枪内壁。

3. 埋植枪应在消毒液中停留一定的时间以达到消毒的目的。

4. 选择的消毒液不能对阴道产生不良的刺激作用。

（4）装入 CIDR　手握阴道栓 CIDR 非药物区将两分叉并拢插入埋植枪（图 9－12）。两手指接触药物尾端进一步将阴道栓完全推入埋植枪（图 9－13）。

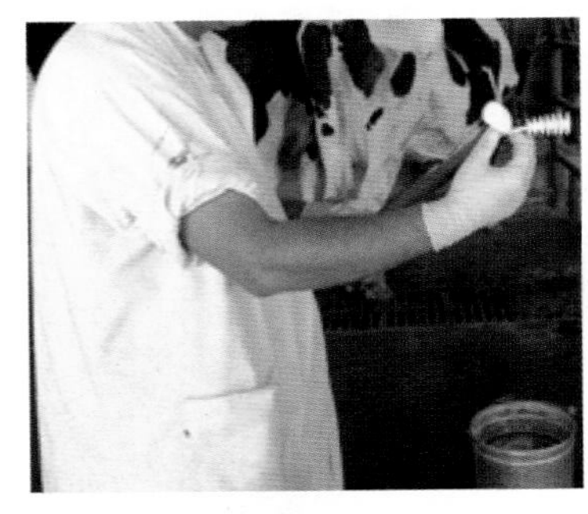

图 9－12　埋植枪装栓操作示例图

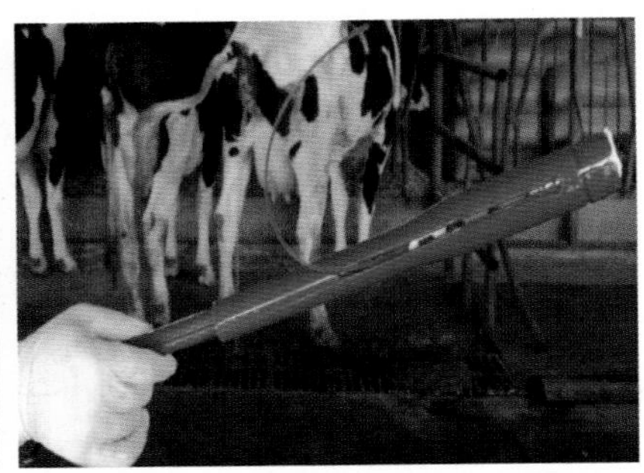

图 9－13　装栓后的埋植枪示例图

（5）清理及消毒母牛外阴　使用无菌纸巾由内向外擦去外阴内缘及阴道外部残留的粪便（图 9－14）。使用 75%酒精棉或无刺激性消毒液由内向外擦拭消毒外阴（图 9－15）。

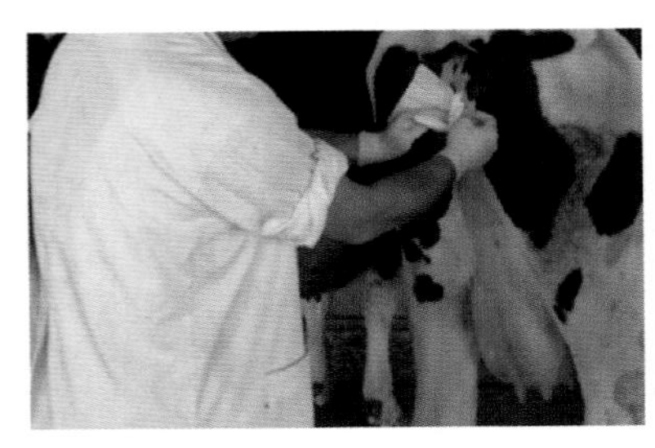

图 9－14　清理母牛外阴污物示例图

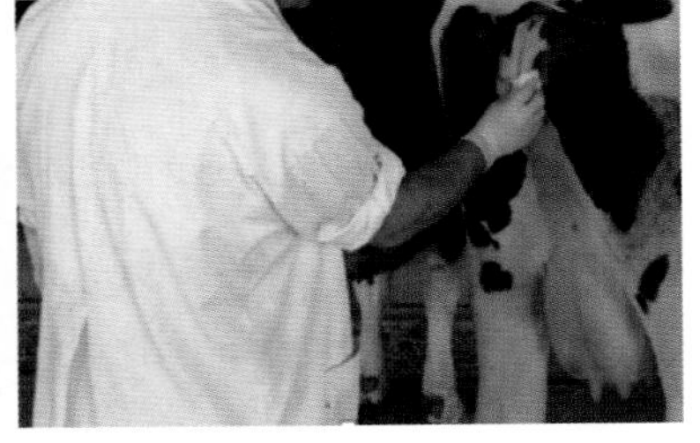

图 9－15　母牛外阴消毒示例图

（6）埋植阴道栓　装有 CIDR 的埋栓枪自外阴向上倾斜 45°缓慢插入，避开尿道口后，再平直继续插入，直至子宫颈口，具体见图 9－16。

左手固定已插入的埋植枪，右手推枪栓将阴道栓 CIDR 推入阴道内，确认阴道栓 CIDR 脱枪后缓慢拔出埋植枪（图 9－17）。拔出埋植枪之后，将尾线顺着外阴扭转使其弯曲向下，以降低阴道栓脱落的概率（图 9－18）。

图 9－16　斜向上 45°插入埋植枪示例图

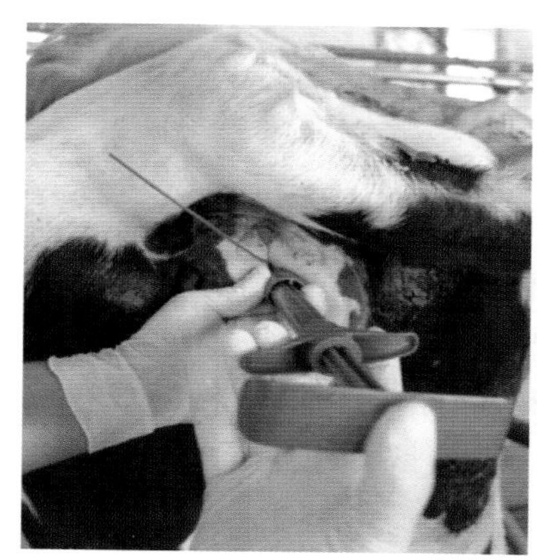

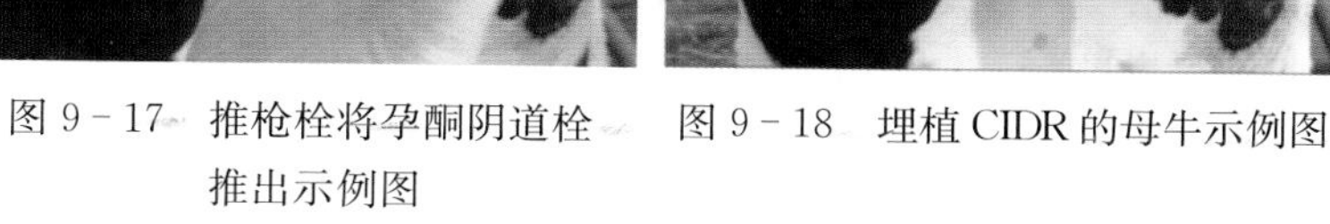

图 9－17　推枪栓将孕酮阴道栓推出示例图

图 9－18　埋植 CIDR 的母牛示例图

（7）撤除阴道栓和注射前列腺素　处理时间结束时（埋植 7～9 d）用手固定住露在阴门外的孕酮阴道栓尾部，缓慢将孕酮阴道栓拉出阴道和阴门。

可在撤栓的同时肌内注射一定量的前列腺素，或者在撤栓前 12 h 注射前列腺素。注射前列腺素后的 2～3 d 内观察母牛发情。

埋植孕酮阴道栓同期发情应注意哪些问题？

1. 防止感染　由于孕酮阴道栓埋植在阴道内的时间较长，操作过程应防止母牛阴道感染和损伤。

2. 防止脱落　孕酮阴道栓应放置在紧靠子宫颈外口的位置，以防止阴道栓脱落。

3. 冲洗阴道　夏季埋植孕酮阴道栓时间较长时可能引起阴道分泌物颜色和气味异常，甚至形成脓性分泌物。可在撤栓时采用添加抗生素的生理盐水冲洗阴道。

9.3　同期发情在奶牛繁殖中的应用

9.3.1　同期发情在青年牛繁殖中的应用

正常情况下，奶牛场青年母牛主要是依靠其自然发情后人工授精，而无需进行同期发情处理。但是如果在较短的时间内大量青年母牛需要人工授精（如进口大量相同月龄的青年母牛），或者为了使青年母牛在一定的时间内产犊，则可能需要进行同期发情后人工授精。

如果青年母牛需要进行同期发情处理，则可以选择注射前列腺素同期发情方法，既方便操作，成本相对也较低。为了尽快人工授精配种、节省成本，也可采用改进的前列腺素同期发情和埋植孕酮制剂的方法。

9.3.1.1　改进的前列腺素同期发情方法　在生产中，青年母牛同期发情可采用改进的前列腺素同期发情方法（图 9－19）。一群青年母牛在任意一天（计为第 0 天）第一次肌内注射一定量的前列腺素并观察发情和人工授精。所有未见发情的母牛在第 7 天第二次注射 PG 并观察发情和人工授精。第二次注射 PG 仍未见发情的青年母牛在第 14 天第三次注射 PG 并观察发情和人工授精。

第 21 天仍未发情的母牛，则应进行直肠触诊或 B 超检查卵巢状态，治疗或者淘汰有明显繁殖障碍的母牛，或者采取其他同期发情方法处理。

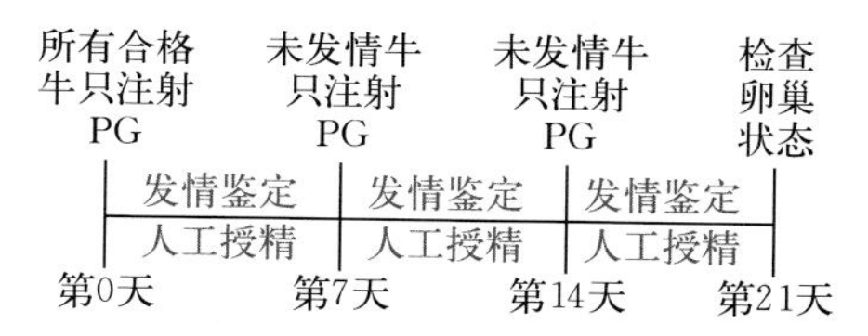

图 9－19　改进的前列腺素同期发情处理示意图

9.3.1.2　**埋植孕酮制剂同期发情方法**　青年母牛一般不建议采用埋植孕酮制剂进行同期发情处理，因为其相对成本较高，操作也较复杂。但是埋植孕酮制剂进行同期发情处理对屡配不孕青年牛以及卵巢静止青年母牛可能具有较好的同期发情作用。青年母牛可采用 7 d埋植孕酮＋PG 法进行同期发情处理，具体操作方法见 2.2.2.4 和 2.2.2.5。

9.3.2　同期发情在泌乳母牛繁殖中的应用

促进泌乳母牛产后发情和提高发情检出率是提高产后泌乳母牛繁殖效率的前提。泌乳母牛同期发情处理可选择注射前列腺素同期发情方法（具体操作如 9.2.1），也可采用埋植孕酮制剂的同期发情方法（具体操作如 9.2.2）。

采用注射前列腺素同期发情方法时，为了节省药品成本，可在同期处理时通过直肠触诊或者 B 超检查母牛卵巢情况。母牛若卵巢上存在黄体时注射一定剂量的前列腺素（如氯前列腺素烯醇 2～3 支，0.6～0.9 mg/头），若卵巢上无黄体，则不注射前列腺素。这样虽然增加了配种技术人员的工作量，但是可节省药品成本和提高处理母牛同期发情率。

9.4 影响同期发情效果的因素

母牛同期发情就是利用外源激素处理，从而使母牛在相对集中的时间内发情，因而一切影响母牛发情的因素都会影响牛同期发情的效果，这些因素包括母牛、环境、管理、疾病和营养等因素，也包括同期发情处理使用的药品和同期发情方法等。

不同同期发情处理方法处理母牛对同期发情的影响及其成本高低见表 9－1。影响母牛同期发情效率的主要因素见图 9－20。

表 9－1 不同同期发情方法对比

同期发情方法	需要保定母牛次数	处理天数	同期发情率	成本情况
1 次 PG 法	1	2～5	50%～60%	最低
2 次 PG 法	2	12～16	60%～80%	低
CIDR＋PG（7 d）	2	8～10	85%左右	高
CIDR＋PG（12 d）	3	12～14	90%以上	高

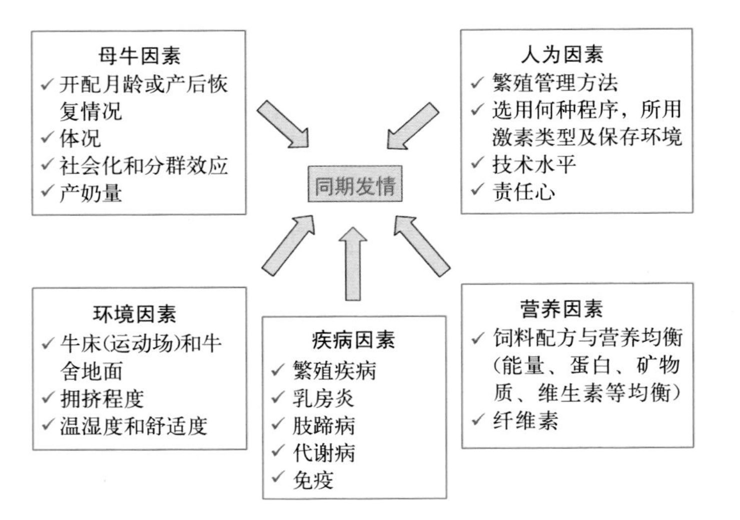

图 9－20 影响母牛同期发情效果的主要因素

9.5　同期发情处理应注意的事项

9.5.1　预防流产

同期发情时前列腺素处理可溶解母牛卵巢上功能性黄体，因此在前列腺素处理前应确定母牛是否已经人工授精或者妊娠，以免引起妊娠母牛流产。

9.5.2　预防感染

同期发情处理时无论是注射前列腺素或者埋植孕酮阴道缓释装置，都必须防止造成母牛注射部位或者阴道的感染。如果夏季埋植孕酮阴道缓释装置同期发情处理，可采用埋植 7 d 的方法，以减少装置在生殖道内的时间，同时在撤除装置时可用生理盐水冲洗阴道，以避免感染。

9.5.3　注意药物剂量

不同厂家生产的前列腺素和孕酮制剂的含量可能不同，因而在同期发情时应依据药品说明书确定注射剂量等。

9.5.4　减少应激

同期发情处理应尽可能降低母牛应激反应。

思考与练习题

1. 同期发情原理是什么？
2. 简述同期发情中常用的生殖激素及其作用机理。
3. 简述母牛同期发情的主要方法及其操作过程。
4. 简述前列腺素同期发情处理程序。
5. 简述孕酮+前列腺素同期发情处理程序。
6. 哪些因素能够影响同期发情效果？

同　期　排　卵

[简介] 同期排卵-定时输精技术可使一群母牛在一定的时间内完成人工授精配种，从而提高母牛参配率和怀孕牛比例。本部分介绍了同期排卵-定时输精技术原理和常用激素，重点介绍了奶牛同期排卵-定时输精方法及其操作过程。

10.1　概念与原理

影响奶牛繁殖效率的因素众多，但是现代规模化奶牛养殖中，产后泌乳母牛不发情以及发情漏检等是影响奶牛人工授精繁殖效率的重要原因。奶牛产后不发情，使得奶牛配种自愿等待期延长，产后第一次配种时间延后；而发情漏检则降低了产后母牛的参配率。因此，如何提高产后泌乳奶牛发情率和发情检出率是规模奶牛场繁殖管理必须解决的实际生产问题。同期排卵-定时输精技术通过应用生殖激素调控奶牛发情周期、促进母牛发情和提高母牛参配率，因而在提高奶牛繁殖力和奶牛场繁殖管理中得到广泛应用。

10.1.1　同期排卵-定时输精技术概念

同期排卵-定时输精技术（ovsynch and fixed-time artificial insemination，或 timed artificial insemination，TAI），亦称程序化人工授精技术（program artificial insemination，PAI），是在同期发情技术基础上发展的牛繁殖新技术，其原理是利用不同的外源生

殖激素或类似物按照一定的程序处理一群母牛，使其在相对集中的时间内同期发情、同时排卵，并在相对固定的时间内进行人工授精。因此，与同期发情相比，同期排卵-定时输精技术不仅重视处理母牛在相对集中的时间内发情，而且更重视处理母牛在相对集中的时间内排卵，即排卵同期化，从而可以在一定的时间内定时人工授精。

10.1.2 同期排卵-定时输精技术原理

Pursley 等（1995）为了解决泌乳奶牛发情检出率和配种妊娠率较低的实际生产问题，首先给一群母牛第一次注射 GnRH，7 d 后注射前列腺素（PG），注射 PG 后 2 d 第二次注射 GnRH，然后 16～18 h 所有处理母牛无论是否发情都进行人工授精配种，取得了较好的配种受胎率，并将该项技术称为同期排卵-定时输精技术，其处理程序见图 10 - 1。

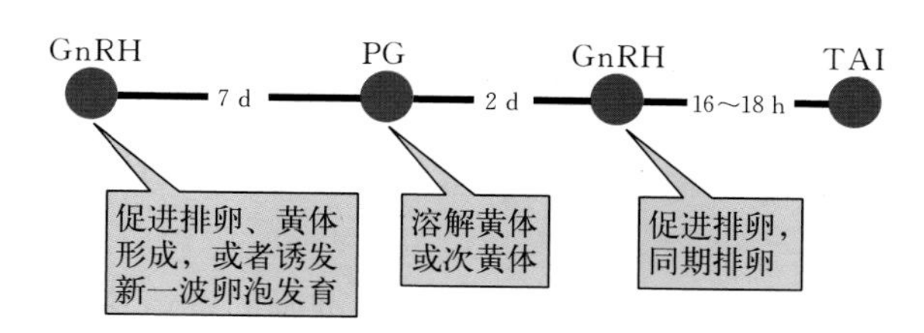

图 10 - 1　Ovsynch 处理程序及其原理示意图

同期排卵-定时输精技术的基本原理如下：

① 母牛发情周期任意一天注射 GnRH（第 1 次注射）时，促进垂体 FSH 和 LH 的合成和分泌，使卵巢上优势卵泡发育成熟并排卵，形成新的黄体，或者诱导新卵泡波发育。

② 7 d 后注射 $PGF_{2\alpha}$ 可溶解母牛卵巢的功能性黄体。

③ 由于黄体溶解，引起血浆中孕酮含量降低，从而解除了孕酮对卵泡发育的抑制作用，优势卵泡开始发育，发育生长的卵泡合成分泌雌激素增加，母牛在注射 $PGF_{2\alpha}$ 48 h 内出现发情。

④ 注射 $PGF_{2\alpha}$ 48 h 后第二次注射 GnRH 促进 LH 分泌，90%

的母牛在 28 h 内排卵，因此在第二次注射 GnRH 后 16～18 h 进行人工授精。

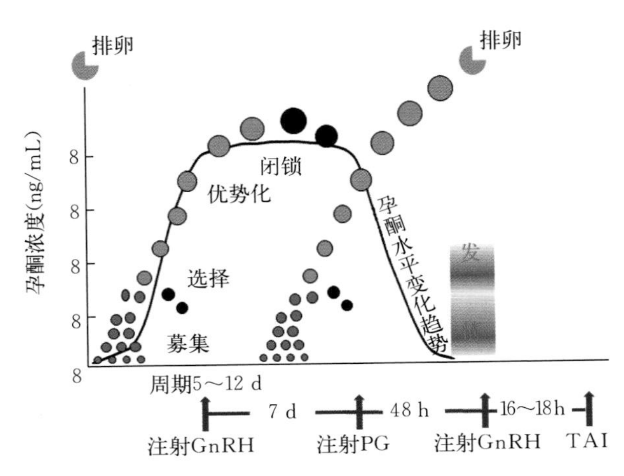

图 10－2 Ovsynch 同期排卵-定时输处理原理示意图

10.1.3 同期排卵-定时输精技术的优点

同期排卵-定时输精在规模牛场奶牛繁殖中具有明显的技术优势。

10.1.3.1 **减少发情观察工作** 及时、准确的发情鉴定是奶牛人工授精的基础，然而目前实际生产中，人工观察发情的检出率只有 50%～70%，而电子计步器辅助观察发情，或者其他辅助观察发情方法如标记笔尾根涂抹法和发情探测器法等的检出率也只有80%～95%，有一部分发情母牛并没有被检测出来。同期排卵-定时输精技术可以做到按照一定程序处理母牛后的一定时间内全部人工授精配种，无需观察发情，因而减少了奶牛繁重的发情观察工作。

10.1.3.2 **提高参配率，减少未配种母牛比例** 影响奶牛繁殖效率的重要因素是母牛特别是产后母牛的参配率和情期受胎率。同期排卵-定时输精技术可在一定时间内大批处理一群母牛并人工授精配种，提高母牛参配率，与传统的自然发情人工授精相比，在较短的时间内减少未配种母牛的比例。

同时，由于各种原因，自愿等待期后没有发情表现的产后母牛，同期排卵-定时输精技术处理后也能参加配种，从而大大提高了母牛参配率，显著减少一定时间内未授精母牛的比例（图 10-3）。

10.1.3.3 **提高妊娠率，减少未妊娠母牛比例** 虽然同期排卵-定时输精处理的母牛配种妊娠率（情期受胎率）可能低于自然发情母牛人工授精的妊娠率，但是由于在一定时间内母牛参配率显著增加，因而妊娠母牛的比例较高，而未妊娠母牛的比例显著低于自然发情人工授精，如图 10-4 所示。

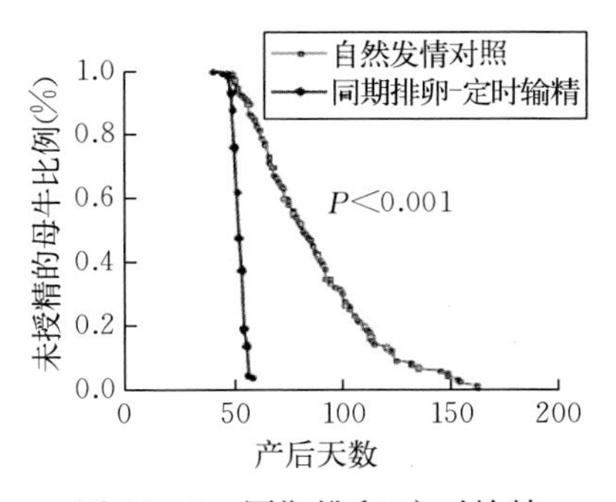

图 10-3 同期排卵-定时输精技术可显著减少未配种母牛比例

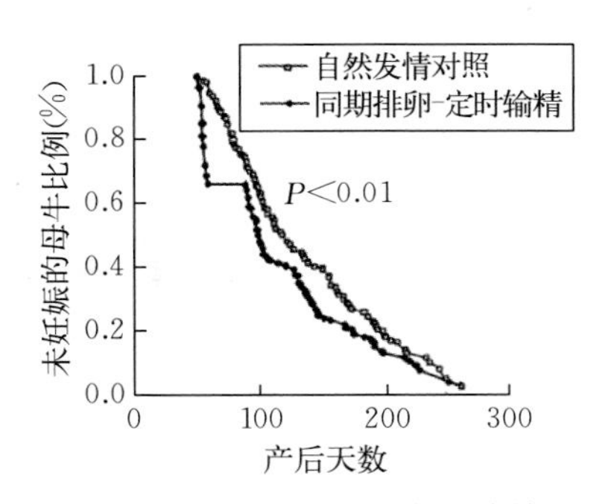

图 10-4 同期排卵-定时输精技术可显著减少未妊娠母牛比例

10.1.3.4 **便于繁殖管理** 由于同期排卵-定时输精技术可在一定时间内处理一群母牛并人工授精，因而给规模牛场繁殖管理带来了明显的便利，例如规模牛场不仅可以利用同期排卵-定时输精技术调整牛群的具体配种时间，而且可以利用同期排卵-定时输精技术使得规模牛场繁殖管理程序化。

10.1.3.5 **治疗卵巢疾患** 由于同期排卵-定时输精技术利用外源激素处理母牛，因而可辅助治疗某些奶牛的卵巢疾患如卵泡囊肿、持久黄体和排卵延迟等。

10.2　同期排卵-定时输精技术常用的激素

同期排卵-定时输精技术的常用激素可分为 3 种：促性腺激素释放激素 GnRH 及其类似物、前列腺素、孕酮。

10.2.1　促性腺激素释放激素

促性腺激素释放激素（GnRH）是由下丘脑合成和分泌的，其主要生理功能是促进动物垂体前叶合成和释放 LH 和 FSH。目前，生产中常用的 GnRH 是体外合成，图 10－5 所示的 GnRH 产品为 100 μg/支。

生产中也可采用 GnRH 类似物，如促黄体素释放激素 A_3。图 10－6 所示的 LHRH-A_3 产品为 25 μg/支。

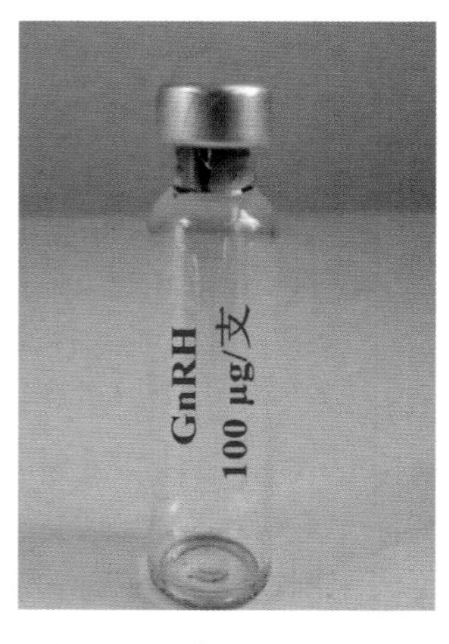

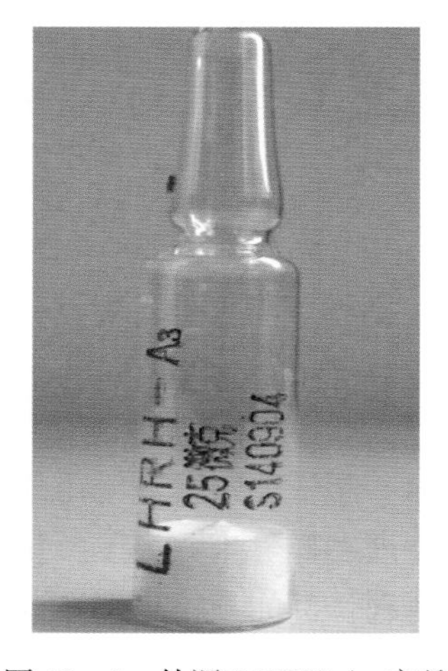

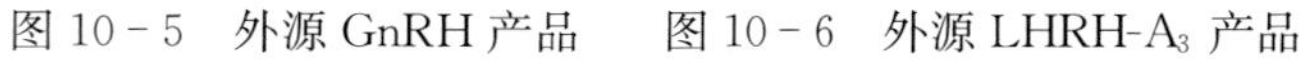

图 10－5　外源 GnRH 产品　　图 10－6　外源 LHRH-A_3 产品

10.2.2　前列腺素

见“2　主要生殖激素及其生理作用”的相关内容。

10.2.3　孕酮

见“2　主要生殖激素及其生理作用”的相关内容。

10.3　不同的同期排卵-定时输精处理过程

为了提高奶牛同期排卵-定时输精的效率和便于规模牛场奶牛繁殖工作，自从建立 Ovsynch 程序后，又相继建立了不同的同期排卵-定时输精处理程序，主要包括以下几种。

10.3.1　GnRH＋PG 同期排卵-定时输精程序

10.3.1.1　同期排卵程序（Ovsynch）　Ovsynch 是最早建立的奶牛同期排卵-定时输精程序，具体处理过程如图 10－7 所示。即在任意一天给一群母牛注射 GnRH（计为第 0 天），第 7 天注射 $PGF_{2\alpha}$，第 9 天第二次注射 GnRH，然后 16～18 h（第 10 天）对所有处理母牛进行人工授精。

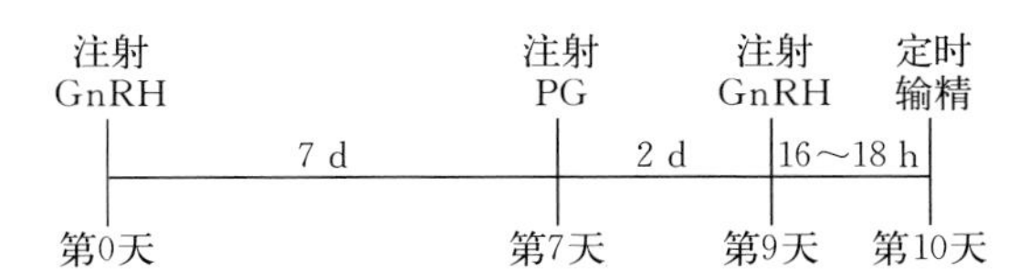

图 10－7　同期排卵程序示意图示意图

小贴士

Ovsynch 程序的特点

1. 从处理到人工授精的整个程序共计 10 d，需要 4 次保定处理母牛。

2. 配种 28～32 d 妊娠检查时配种妊娠率可达 32%～45%。

10.3.1.2 56 h同期排卵程序（Ovsynch-56） Ovsynch-56 处理程序是在 Ovsynch 的基础上建立的，即在注射 PG 后的 56 h 第二次注射 GnRH，具体处理程序见图 10－8。在任意一天给一群母牛注射 GnRH（计为第 0 天），第 7 天时注射 $PGF_{2\alpha}$，注射 $PGF_{2\alpha}$ 56 h 后（第 9 天下午或者第 10 天上午）第二次注射 GnRH，并在 16～18 h 后（第 10 天）对所有处理母牛进行人工授精。

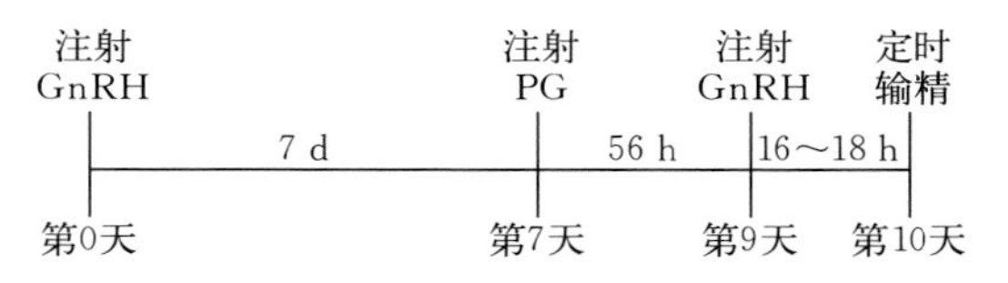

图 10－8 Ovsynch-56 同期排卵程序示意图

Ovsynch-56 程序的特点

1. 注射 PG 后 56h 注射第二次 GnRH，从处理到人工授精整个程序共计 10 d，需要 4 次保定处理母牛。

2. 配种 28 ～ 32 d 妊娠检查时配种妊娠率可达到 32%～45%。

10.3.1.3 48 h同期排卵程序（Cosynch-48） Cosynch-48 处理程序是在 Ovsynch 基础上建立的，即注射 PG 后的 48 h 第二次注射 GnRH 并人工授精，具体处理程序见图 10－9，即在任意一天给一群母牛注射 GnRH（计为第 0 天），第 7 天时注射 $PGF_{2\alpha}$，第 9 天第二次注射 GnRH，并同时对所有处理母牛进行人工授精。

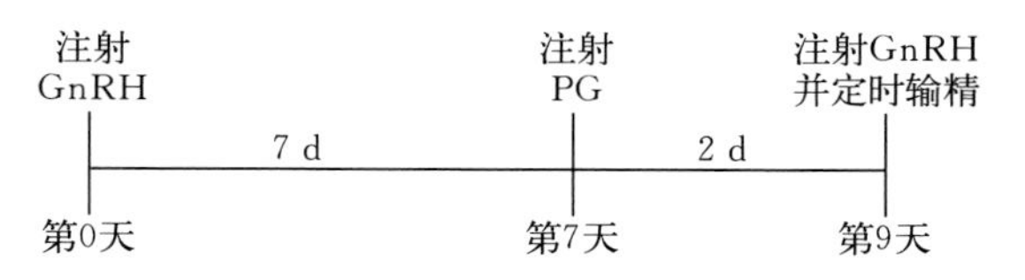

图 10－9 Cosynch-48 同期排卵程序

Cosynch-48 程序的特点

1. 第二次注射 GnRH 时就进行人工授精，整个处理过程 9 d，需 3 次保定处理母牛。

2. 相对于同期排卵程序，该程序 28～33 d 妊娠率提高 6%～10%。

10.3.1.4　72 h 同期排卵程序（Cosynch-72）　Cosynch-72 处理程序是在 Ovsynch 基础上建立，即注射 PG 后的 72 h 第二次注射 GnRH 并人工授精，具体处理程序见图 10－10，即在任意一天给一群母牛注射 GnRH（计为第 0 天），第 7 天注射 $PGF_{2\alpha}$，第 10 天第二次注射 GnRH，并同时对所有处理母牛进行人工授精。

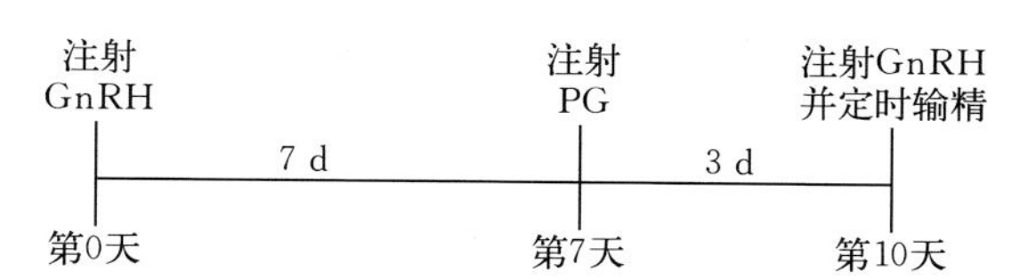

图 10－10　Cosynch-72 同期排卵程序示意图

小贴士

Cosynch-72 程序的特点

1. 注射 PG 后的 72 h 注射 GnRH 并同时人工授精配种，整个程序 10 d，需 3 次保定处理母牛。

2. 配种 28～33 d 妊娠检查的配种妊娠率比 Ovsynch 程序低 4%～6%。

10.3.2 孕酮埋植同期排卵-定时输精程序：CIDR-Synch

CIDR-Synch 就是利用 GnRH、孕酮和前列腺素联合处理，使母牛同期发情、同期排卵并定时输精的方法，具体处理程序见图 10-11，即任意一天给一群母牛注射 GnRH 并埋植阴道栓（计为第 0 天），第 7 天注射 $PGF_{2\alpha}$ 并撤出阴道栓，第 9 天第二次注射 GnRH，16～18 h 后（第 10 天）对所有处理母牛进行人工授精。

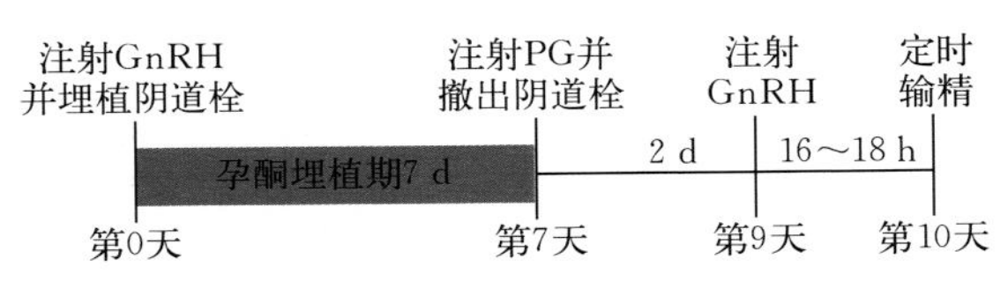

图 10-11 CIDR-Synch 同期排卵程序

10.3.3 其他方法

同期排卵-定时输精 2 次 GnRH 是为了诱导卵巢优势卵泡发育成熟并排卵，因而可以利用与 GnRH 具有相同生理作用的激素替代 GnRH，如促黄体技术激素释放激素类似物 LHRH-A_3。使用 LHRH-A_3 替代 GnRH 同期处理程序见图 10-12。

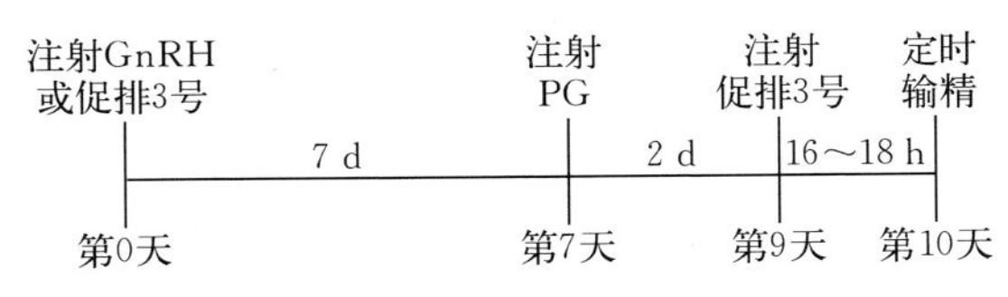

图 10-12 LHRH-A_3 替代 GnRH 处理程序示意图

LHRH-A_3 同期处理的特点

1. LHRH-A_3 具有 GnRH 的生理作用，但是商品价格较低，

因而同期处理成本较低。
2. 与 Ovsynch 方法相比，配种妊娠率可能稍低。

10.3.4 不同同期排卵-定时输精程序的优缺点

不同同期排卵-定时输精程序处理各有特点，具体见表 10-1。同期排卵-定时输精程序处理母牛发情配妊娠率的因素很多，如同期处理是母牛所处的发情周期阶段、母牛体况、激素种类和质量、季节和配种员技术水平等，因此奶牛场应根据自己牛场牛群实际情况，结合牛场现有条件及繁育管理目标，合理选择同期排卵-定时输精方案。

表 10-1 不同同期排卵-定时输精方案对比

程序类型	母牛保定次数	处理时间	成本	配种受胎率
Ovsynch	4	11	适中	较好
Cosynch-48	3	10	适中	一般
Cosynch-72	3	11	适中	一般
Ovsynch-56	4	11	适中	好
CIDR-Synch	4	11	高	很好
LHRH-A_3 法	4	11	低	较差

10.4 同期排卵-定时输精技术在奶牛繁殖中的应用

10.4.1 同期排卵-定时输精技术在青年奶牛中的应用

对于发情周期正常的青年母牛，一般不建议采用同期排卵-定时输精程序配种。凡是满足参配条件的青年母牛，建议自然发情配种，这样既节省人力、物力，又减少了对青年母牛的应激反应。

如果青年母牛进行同期排卵-定时输精程序配种，可采用以下方法。

10.4.1.1 选择性同期排卵程序　选择性同期排卵程序就是 Ovsynch 程序中注射前列腺素后观察发情，发情母牛按照常规人工授精配种而省略第二次注射 GnRH，具体处理程序见图 10－13。即在母牛发情周期任意一天注射 GnRH（计为第 0 天），第 7 天注射 $PGF_{2\alpha}$，观察发情，有发情表现的母牛适时输精，无发情表现的母牛第 10 天第二次注射 GnRH，并同时进行定时输精。

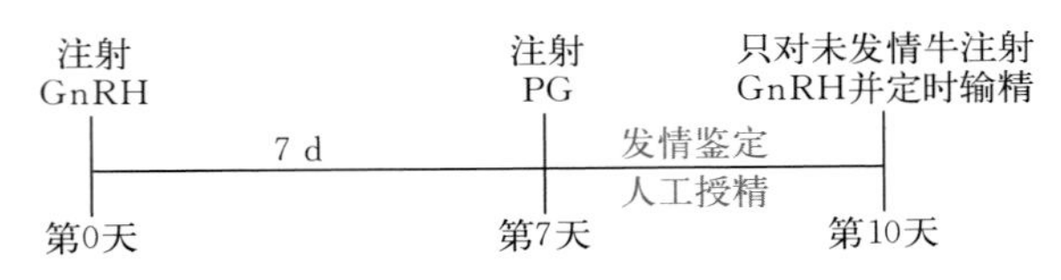

图 10－13　选择性同期排卵程序示意图

10.4.1.2　孕酮诱导选择性同期排卵程序　孕酮诱导选择性同期排卵程序就是在任意一天给一群母牛埋植阴道栓并注射 GnRH（计为第 0 天），第 7 天撤出阴道栓并注射 $PGF_{2\alpha}$，随后观察发情，发情母牛适时输精，无发情表现的母牛第 10 天第二次注射 GnRH，并同时进行定时输精（图 10－14）。

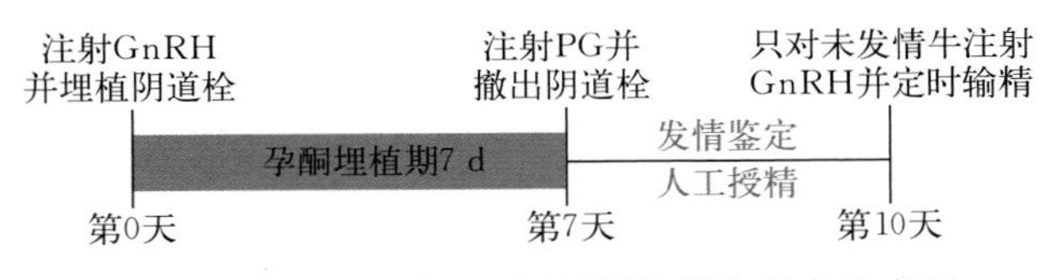

图 10－14　孕酮诱导选择性同期排卵程序示意图

孕酮诱导选择性同期排卵程序的特点

1. 孕酮诱导选择性同期排卵程序在选择性同期排卵程序的基础上增加了孕酮处理，适用于久不发情及久配不孕的青年奶牛。

2. 成本较高。

10.4.2 同期排卵-定时输精技术在泌乳母牛中的应用

10.4.2.1 同期排卵-定时输精技术可提高泌乳母牛的参配率和妊娠母牛比例 自愿等待期后的泌乳母牛产后不发情是影响泌乳母牛繁殖效率的重要原因，而同期排卵-定时输精技术利用外源激素处理母牛，无论发情与否，所有母牛都在一定的时间内人工授精配种，因而可显著提高产后母牛的参配率。虽然同期排卵-定时输精处理的母牛情期受胎率可能低于发情配种的母牛，但是由于提高了母牛参配率，因而牛群中妊娠的比例也就相应提高。

奶牛场可根据自己生产的实际需要决定使用何种同期排卵-定时输精程序处理母牛。建议规模牛场可采用同期排卵程序（Ovsynch）处理自愿等待期后准备配种的发情周期正常的泌乳母牛。建议采用孕酮埋植同期排卵程序（CIDR-Synch）处理自愿等待期前未见发情的母牛，或者久配不孕的泌乳母牛。

10.4.2.2 同期排卵-定时输精在泌乳母牛繁殖管理中的应用 同期排卵-定时输精可调控产后泌乳母牛配种时间和提高泌乳母牛参配率，因而可用于规模牛场的繁殖管理。例如，规模牛场可根据牛群情况和繁殖管理目标，在泌乳母牛自愿等待期前进行不同的处理，从而使得母牛在自愿等待期后能够及时参加配种，也可以对同期排卵-定时输精未妊娠母牛或配种返情母牛进行再同期排卵-定时输精处理等。

10.4.2.3 预同期处理 预同期处理就是在产后自愿等待期前的一定时间预先应用激素处理母牛，调整产后母牛发情周期，使得牛群在自愿等待期后能够及时配种。图 10－15 以自愿等待期 60 d 的预同期程序，包括两次 PG 处理、G6G/G7G、Double-Ovsynch 等。

10.4.2.4 再同期处理 再同期处理就是上一次同期排卵-定时输精处理配种未妊娠的母牛（包括配种后返情和妊检未妊娠母牛）继续下一个同期排卵-定时输精程序。

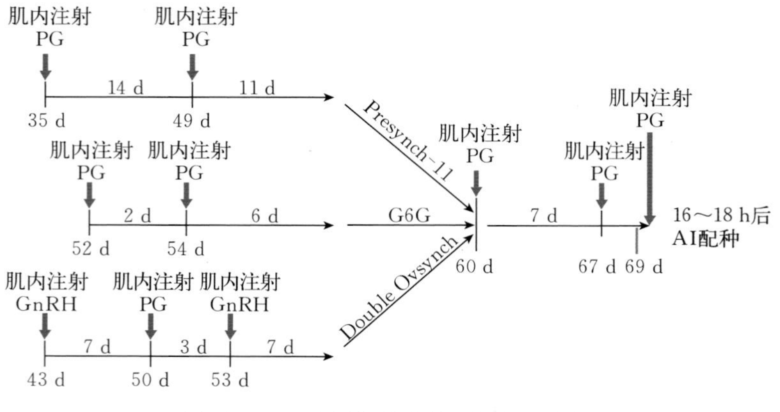

图 10－15　预同期繁殖管理奶牛示意图

10.5　同期排卵-定时输精技术应注意事项

10.5.1　选择合适的同期排卵-定时输精程序

奶牛场应根据牛场的牛群实际情况和繁殖目标，选择适合自己奶牛场的同期排卵-定时输精程序，节省人力和物力。

10.5.2　选择和使用合适的激素制剂

同期排卵-定时输精需要不同的激素处理母牛，因此选择GnRH、前列腺素和 CIDR 时应注意其使用剂量和保质期等，同时应注意激素的保存环境，特别是蛋白质类激素。有些牛场实践表明，同期排卵-定时输精技术处理后母牛配种的双胎率高于自然发情配种母牛的双胎率。

10.5.3　认真观察发情

接爬行为是母牛发情最直接和客观的外在表现，因而发情观察是奶牛配种繁殖的重要工作。虽然同期排卵-定时输精技术可以不经过发情观察而直接配种，但是其并不能完全取代发情观察工作。

在生产中应用选择性同期排卵处理就需要进行发情观察，部分发情母牛可以节省第二次注射 GnRH，并能提高母牛配种受胎率。

10.5.4　注重日粮营养平衡和饲养管理

合理、科学的饲料营养和饲养管理水平是奶牛发挥正常繁殖机能的基础，是同期排卵-定时输精激素处理母牛并使其配种妊娠的基础；因而应注重奶牛日粮营养、饲养管理和环境福利等，才能保证奶牛同期排卵-定时输精的效果。

思考与练习题

1. 简述同期排卵-定时输精技术及其优点。
2. 简述同期排卵-定时输精技术的原理。
3. 同期发情-定时输精技术常用的生殖激素有哪些?
4. 举例说明同期排卵-定时输精处理程序。

董伟，1985. 家畜的生殖激素．北京：农业出版社，118.

高树，马广英，徐天海，等，2015. 奶牛卵巢性疾病的发病机理与诊治．中国奶牛，3（4）：20-25.

韩文雄，王春生，李喜和，等．2012. 不同种公牛性控冻精与受胎率的相关性分析，8：56-57.

李刚，2015. 牛人工输精时应注意的一些事项．中国牛业科学，4（1）：735-755.

李铁拴，2007. 奶牛繁殖疾病的防治．北方牧业，12：20.

李同豹，殷元虎．2013. 性控精液人工授精试验．黑龙江动物繁殖，21（2）：12-15.

梁学武，2002. 现代奶牛生产．北京：中国农业出版社．

林植，2010. 影响牛人工授精受胎率的主要因素及其对策．广西畜牧兽医，26（2）：109.

吕润全，2012. 奶牛妊娠早期诊断技术介绍．中国奶牛（6）：55-57.

桑润滋，2002. 动物繁殖生物技术．北京：中国农业出版社．

王峰，2012. 动物繁殖学．北京：中国农业大学出版社．

王峰．2012. 动物繁殖学．北京：中国农业大学出版社．

肖定汉，2012. 奶牛病学．北京：中国农业大学出版社．

肖定汉．2012. 奶牛病学．北京：中国农业大学出版社．

颜世波，王廷斌，何瑞江，2012. 奶牛妊娠的几种检查法．养殖技术顾问（2）：120.

杨利国，2003. 动物繁殖学．北京：中国农业出版社．

杨利国，熊家军，2005. 奶牛繁殖生殖内分泌调节研究进展．中国奶牛（4）：25 - 28.

曾凡明，马军德，贾斌．2013. 性控精液和常规精液对奶牛受胎率影响的实验研究，1：38 - 40.

张忠诚，2004. 家畜繁殖学．第 4 版．北京：中国农业出版社．

赵明礼，张珅，郝海生，等．2015. 同期发情和同期排卵——定时输精技术在奶牛繁殖中的应用．中国畜牧杂志，17：80 - 86.

郑亦辉，1996. 动物激素及其应用．南京：江苏科学技术出版社．

朱化彬，2013. 牛人工授精技术．北京：中国农业出版社．

朱化彬，刘长春，2013. 牛人工授精技术．北京：中国农业出版社．

Alragubi. S. M，2014. effect of Sperm Quality of Beef Cattle on Fertility Percentage. International Journal of Science and Research（IJSR），11：2319 - 7064.

Aly Karena，Noelita Melo De Sousa，Jean-Franc，ois Beckers，Árpád Csaba Bajcsy，János Tibold，István Mádl，Ottó Szenci. 2015. Comparison of a commercial bovine pregnancy-associated glycoprotein ELISA test and a pregnancy-associated glycoprotein radiomimmunoassay test for early pregnancy diagnosis in dairy cattle. Animal Reproduction Science，159：31 - 37.

Ann Van Soom，Marleen L. Boerjan，Peter E. J. Bols，et al. 1997. Timing of compatiom and Inner Cell Allocation in Bovine Embryos produced in vivo after superovulation. Biology of Reproduction，57：1041 - 1049.

Breed，M. W.，Guard，C. L.，White，M. E. Smith，M. C. & Warnick，L. D. 2009. Comparison of pregnancy diagnosis in dairy cattle by use of a commercial ELISA and palpation per rectum. JAVMA 235：292 - 298.

Brusveen D J，Cunha A P，Silva C D，et al. 2008. Altering the time of the second gonadotropin-releasing hormone injection and artificial insemination（AI）during Ovsynch affects pregnancies per AI in lactating dairy cows. Journal of dairy science，91（3）：1044 - 1052.

Bó G A，Mapletoft R J. 2013. Evaluation and classification of bovine embryos. Anim Reprod，10（3）：344 - 348.

Chanvallon A，Coyral-Castel S，Gatien J，et al. 2014. Comparison of three devices for the automated detection of estrus in dairy cows. Theriogenology，82（5）：734 - 741.

Dejarnette M. 2013. OvSynch，Co-Synch，PreSynch and KitchenSynch：How did breeding cows get so complicated.

Dong Sun，Yong-Il Cho，Patrick Comyn，Kyoung-Jin Yoon. 2013. Use of blood collected onto and dried on filter paper for diagnosing pregnancy in cattle. The Veterinary Journal，198：494－497.

Edmonson A J，Lean I J，Weaver L D，et al. 1989. A body condition scoring chart for Holstein dairy cows [J]. Journal of dairy science，72 (1)：68－78.

Hamilton CK.，Combe A.，Caudle J.，Ashkar FA.，Macaulay AD.，Blondin P.，King W. A. 2012. A novel approach to sexing bovine blastocysts using male-specific gene expression. Theriogenology. 77：1587－1596.

Juan E. Romano，Jamie E. Larson. 2010. Accuracy of pregnancy speciflc protein-B test for early pregnancy diagnosis in dairy cattle Theriogenology，74：932－939.

López-Gatius F，Santolaria P，Mundet I，et al.，2005. Walking activity at estrus and subsequent fertility in dairy cows. Theriogenology，63 (5)：1419－1429.

Machaty Z，Peippo J，Peter A. 2012. Production and manipulation of bovine embryos：techniques and terminology. Theriogenology，78 (5)：937－950.

Manuel Fernández Sánchez. 2014. 母牛发情周期——生殖系统解剖彩色图谱. 朱化彬等，译. 北京：中国农业出版社.

Mapletoft R J. 2006. Bovine embryo transfer. IVIS.

Odde K G. 1990. A review of synchronization of estrus in postpartum cattle. Journal of Animal Science，68 (3)：817－830.

Sheldon I M，Cronin J，Goetze L，et al. 2009. Defining postpartum uterine disease and the mechanisms of infection and immunity in the female reproductive tract in cattle [J]. Biology of reproduction，81 (6)：1025－1032.

Sheldon IM，Dobson H. 2004. Postpartum uterine health in cattle. Anim Reprod Sci：82－83：295－306.

Sheldon IM，Lewis GS，LeBlanc S，and Gilbert RO. 2006. Defining postpartum uterine disease in cattle. Theriogenology 65：1516－1530.

Smith M F，Perry G A，Atkins J A，et al. 2012. Keys to a successful estrus synchronization and artificial insemination program. American Red Angus Magazine，4：22－32.

Williams EJ，Fischer DP，Pfeiffer DU，England GC，Noakes DE，Dobson H，and Sheldon IM. 2005. Clinical evaluation of postpartum vaginal mucus reflects uterine bacterial infection and the immune response in cattle. Theriogenology 63：102 - 117.

Wiltbank M C，Pursley J R. 2014. The cow as an induced ovulator：Timed AI after synchronization of ovulation. Theriogenology，81（1）：170 - 185.

图书在版编目（CIP）数据

牛繁殖技能手册 / 朱化彬，石有龙，王志刚主编
. —北京：中国农业出版社，2018.8（2022.7重印）
ISBN 978-7-109-24437-5

Ⅰ. ①牛… Ⅱ. ①朱… ②石… ③王… Ⅲ. ①乳牛-家畜繁殖-手册 Ⅳ. ①S823.9-62

中国版本图书馆 CIP 数据核字（2018）第 174943 号

中国农业出版社出版
（北京市朝阳区麦子店街 18 号楼）
（邮政编码 100125）
责任编辑 王森鹤

北京通州皇家印刷厂印刷 新华书店北京发行所发行
2018 年 8 月第 1 版 2022 年 7 月北京第 4 次印刷

开本：880mm×1230mm 1/32 印张：7.25
字数：191 千字
定价：86.00 元